好好整理

好整

让家更美的
陈列式整理术

陈列式整理术研究所————著

中国纺织出版社有限公司

内 容 提 要

本书作者团队自创陈列式整理术，用色彩、材质和物品本身的装饰性作为整理的基础，让美和功能性在收纳和整理过程中得到贯穿和应用。

全书结合家庭场景及具体物品，分别介绍了其相应的整理方法，内容涵盖厨房、卫生间、儿童房的整理方法，鞋柜、衣柜、书柜、餐边柜、大壁柜的整理方法，时下流行的叠衣术和首饰、葡萄酒、餐具、包包、礼服等相应的整理收纳方法，附录部分还介绍了办公桌的整理方法，并为读者推荐了时下居家、办公好用的收纳工具，是一本实用的整理工具书。

图书在版编目（CIP）数据

好好整理：让家更美的陈列式整理术 / 陈列式整理术研究所著.－－北京：中国纺织出版社有限公司，2022.2

ISBN 978-7-5180-8658-0

Ⅰ.①好… Ⅱ.①陈… Ⅲ.①家庭生活—基本知识 Ⅳ.①TS976.3

中国版本图书馆CIP数据核字（2021）第124586号

责任编辑：刘 丹　　　　　　　责任校对：王花妮
责任印制：何 建　　　　　　　装帧设计：子鹏语衣

中国纺织出版社有限公司出版发行
地址：北京市朝阳区百子湾东里 A407 号楼　邮政编码：100124
销售电话：010—67004422　传真：010—87155801
http：//www.c-textilep.com
中国纺织出版社天猫旗舰店
官方微博 http://weibo.com/2119887771
北京华联印刷有限公司印刷　各地新华书店经销
2022 年 2 月第 1 版第 1 次印刷
开本：880×1230　1/32　印张：8
字数：121 千字　定价：58.00 元

自 序 一

大家好，我是这本书的主创作者之一，我叫周蜜。

很感恩我们能够在这本书里相遇。我们所创立的整理收纳服务品牌——收了纳个Queen和整理师孵化平台——陈列式整理术研究所其实很早就在中国整理收纳行业扎根，2015年，我们在网络上开始做与整理相关的知识输出，尽管如此，仍然有很多朋友对我们陌生。很高兴这本书的到来，可以让更多的朋友认识我们，与我们一起享受整理收纳所带来的美好体验。

也许有些朋友会惊讶，市面上已经陆续出版了那么多整理类的书，为何我们仍然要坚持出版本书？

在我看来，整理这件事就和我们吃饭、品茶一样，每个人都有自己的独立视角和喜好，也只有将不同的声音放在一起去碰撞和交流，我们才能真正把整理这件事做好，把整理这个行业发展壮大，毕竟我们现在所处的阶段，无论是个人整理还是整理服务都还很懵懂，还在摸索和探知。

整理源自美国，发展于日本，现在又在全世界落地开花，中国作为行业的后起之秀，确实还是有很大的进步空间。很感谢这些走在前面的领路人，让我们能够少走很多弯路，一起步就能看到各家名言，各种来源于海外的流派和风格可以拿来就用，同时在这个基础上创造出符合本土特色的变化。

整理这件事，说难并不难，就是把东西摆放整齐，需要的时候能找得到，用的时候取用方便，放回去的时候也不犯糊涂。但说简单，它确实没那么简单，它需要我们对生活有着非常深刻的理解，懂得把物品合乎逻辑地分组分类，将空间高效开发利用以及最重要的物品的储放能够满足全家人的生活喜好，这样才能保证做完一次整理后能够让生活真正变得便捷和舒适，同时易于维护、减轻生活的负担。

写这本书，我们从一开始就和出版社谈好了，不要长篇大论，文字要简洁，实际操作方法用案例示意图来诠释。看书就像我们做整理，要让大家轻松阅读、轻松上手。

是的，看过我的微博或其他社交媒体的朋友一定知道，我是一个一写字就收不住的人，为了让大家不要把这本书当作小说一样，变成看过就忘掉的长篇大论，我们三位作者互相配合，最终将它简化成了一个快手工具书，每个章节都很短小，整本书读下来也用不了一天时间。

看这本书就像查字典一样，遇到整理问题，可以对应查找解决办法，按照我们的步骤一步步地进行，书看完了，家里也就整理清爽了。

所以，请把它当作您的随身宝典吧，让它陪着您把家变得就像您期待的那样舒适和美好。

主创作者　周蜜

2021 年 6 月

自序二

　　我是一名整理师，最初这么说的时候总是会收获询问、怀疑和好奇。时至今日，整理师已不再是一个稀奇的职业，早已被越来越多的人接受和认识。这要感谢每一位热爱整理、普及整理、认真对待这份事业的小伙伴们。

　　我也是这本书的主创作者之一。我叫孙步云，大家都亲切地叫我步步。因为我是从一名整理爱好者起步做到了专业整理师，如同我的名字，一步一步稳扎稳打地走来。也因为我一直跟学员们说，整理这件事不难，想要成为优秀的整理师，只需要脚踏实地一步一步地走。

　　当我遇上"收了纳个Queen"时，整理行业在国内还处于刚刚起步阶段，我们开启"陈列式整理术研究所"也是应市场发展的需求顺势而为。而到如今写这本书，似乎也是水到渠成的事情。我们将这些年做整理的收获和积累都汇集在这本书里，这本书集合了我们团队的心血和力量，相信不会让大家失望。因为这是一本不仅能让小白迅速上手的实用整理指导书，也是值得整理师翻看参考的快捷整理词典。所以出版后，我自己也会常捧在手里，作为整理工作的参考手册。

很多人觉得不需要整理，或者觉得自己天生就会整理。我曾经碰到过一个客户，因为搬家只有一个人操持，忙不过来，就请了整理师。起先她有着自己的安排，指挥着众人，时刻都不放心，但是同时她又会有很多反复，总觉得并不是她想要的效果。于是我拿出工具，重新给她测量并评估了物品，在最短的时间里完成了一块区域的整理。她看到成果后放下了芥蒂，邀请我进入主卧，继续做完其他区域的整理。

其实我可以感觉出，当整理师刚入户时，很多客户会持有怀疑，加之原本因为整理的烦乱、劳累，很容易产生烦躁情绪，但是当看到整理后环境的改变，不仅能让他们产生强烈的信任感，也能使他们身心变得柔软和放松。

我想如果在邀请整理师之前就对专业整理这件事有一定的了解，那沟通就更容易了，目标也更清晰了，所以这本书我也想介绍给我们的客户。

作为一名整理师，对于整理，我一直心怀感恩，也希望更多的人如我一样，通过整理有所收获和满足，甚至能有不一样的人生。将整理收纳的经验技巧以及对生活的热爱传达给更多的人，这是我们团队一直在做，也将一直持续做下去的事情。

主创作者　孙步云

2021年6月

自序三

大家好，我是高级整理师杨丽影，热衷于整理事业，属于整理痴迷者。

很感恩大家能在这本书里认识我，同时也非常感谢我的整理领路人周蜜女士，让我对整理这件事情有了全新的认识。最开始我以为整理就是房间整齐干净就行，后来经过深层次的学习、了解，才发现，原来整理并不简单。

整理不仅仅改变了我的生活环境，还提升了我的生活效率，使我有更多的时间来做自己喜欢的事情、陪伴我的家人。更令我感到无比幸运的是，和整理结缘让我得到了很多客户的认可。整理不仅让我获得职业的成就，还让我找到了自信：我帮助过很多新搬家的客户重新定位规划，通过更加合理的布局，让物品使用动线流畅，让他们的生活变得便利；帮助准妈妈们打造新的生活空间，让她们在更加舒适的生活空间里迎接新生命的到来；还帮助了很多生活在凌乱环境中、焦虑烦躁的客户，给她们创造新的生活环境，收获舒爽的心情；帮助宝妈们，重新打造孩子们的空间，通过物品的陈列方式，潜移默化地影响她们和孩子的思维方式。

通过整理这件事，我帮助了这些有需求的人，在增加自我价值的同时，也让我更加热爱整理、热爱生活，感到无比幸福。

在整理这条路上走的时间越长，我越发现整理的重要性。整理是未来人人都应该具备的基本技能。在生活中，我们会觉得时间不够用，就是因为耗费了太长时间去找东西，也会经常因为环境杂乱而心情烦躁。而我的建议是，如果您想改变生活的状态，那么就从整理开始吧，它能改变您的生活态度，提高您的生活品质，让您受益一生。

我希望这本书可以成为您的整理工具书，作为您的整理参考对象。每当您有整理困惑无从下手之时，请查阅这本书，找到相应的区域，理清整理思路，梳理整理逻辑，最后让整理变成简单的事。参考这本书做整理，您会使空间高效利用，让全家人都能无须帮助快速找到所需物品。通过本书做整理，可以为您减少整理时间，整理后也不易复乱，不让凌乱再次成为您的生活负担，使您的生活变得轻松、舒适。

主创作者 杨丽影
2021年6月

目　录

开 篇

案例美图

好的生活各有各的好，但是混乱的环境却总是有着非常相似的特点。

在中国，我们服务过数千户家庭，总服务时间达几万小时，我们发现被服务的中国家庭，通常会被两种问题困扰：家里的物品总量高居不下，可是却不能停止买买买，因为持续买，想要使用某件物品的时候，那件物品总是会跟自己玩捉迷藏；想要把家里整理好一点，可是没有合适的方法，于是"好的整理"就是看到柜子里哪儿有空就把东西塞到哪里，于是"整理"就变成了把物品藏起来的过程，因为不会整理而没法整理。

除了这样，我们中国家庭还有一个很大的痛点，就是无论家里东西有多少，只擅长用减少物品量的方式去做整理，真正的整理却很难开展起来。

于是我们逐步摸索出来一个适合中国家庭的整理术——"陈列式整理术"，并以此为线索，带着大家一步一步去了解如何用不丢弃的方式去做整理。把整理的技巧不仅落地到家里的每一个场景，如客厅、厨房、卫生间，还会细化到具体的物品收纳方式，如占衣柜空间的大衣、卫衣如何收纳，工具里的剪刀、螺丝刀放在哪里以及怎么放更方便使用，婴幼儿的尿不湿、药品用什么收纳工具来管理会更省空间……从物品的特性出发，教会大家轻松应对生活中各类数量庞大、类目庞杂的物件。

先来看看我们的案例，发现不一样的整理方法——陈列式整理术。

玄关案例美图

无论是豪华别墅，还是单身小窝，进出的通道隔断口都叫大门，打开大门即刻所视的空间便是门厅位，也被称为玄关。所谓人靠衣装，一个家就得靠玄关来装。

玄关如果能被合理利用起来，家里的空间可以多出10倍。合理的鞋柜和衣架，都可以让玄关做好它的收纳工作。所以，无论客户指定的整理区域是哪里，我们都会在完成整理后做一下玄关的清理。这一方空间的美能让自己的生活更舒适，让入户第一眼就有好心情，还是值得细细琢磨打造的。

厨房案例美图

厨房是一个充满烟火气息的地方，有烟火气，就会让人联想到油烟，所以厨房很容易就变成顽固油渍的聚集地。

陈列式整理术打造的厨房不能有遮掩，要将每件物品都清爽展露。展露可以让使用更便捷，展露也能让打扫变得容易，更关键的是，一个令人心动的厨房可以让你的胃变得更加柔软。

现代人大都习惯外卖果腹，但是当厨房有了爱，外卖便不存在！

用美食关爱我们的胃，首先你得拥有一个能够让人产生烧饭欲望的爱心厨房！

通透的食材盒、摆放有序的厨具、符合使用习惯的规划逻辑，是成就理想厨房的基本篇章！

衣帽间案例美图

　　想要通过一次整理就改造出不复乱的衣帽间，要考虑使用需求、空间大小、使用情况、改造应用等各方面的复杂情况。

　　所以，整理衣帽间不仅要有清晰的整理思路，还需要有空间改造以及熟练的收纳产品来配合，时常是需要完全推翻原本的布局，重新制订合理的收纳规划。

　　如果你也有衣帽间总是整理却还是凌乱的烦恼，可能是空间规划上就出了问题，来看看我们的案例是否对你有所启发吧。

卫生间案例美图

　　无论是2平方米的步入紧凑型，还是20平方米的超豪华大开间卫生间，它的功能都是一样的：洗漱、装扮，像暂时隔离现实世界的"真空"地带！

　　那么，一个本该是"室"外桃源般美好的地方，尽是满眼杂物怎么行？卫生间的舒适度除了需要控制卫生间的杂物数量、做好物件的收纳整理工作外，在卫生间格局设置和打造期间，就已经需要开始考虑细节了。

　　陈列式整理术不打洞、不拆卸，利用小技巧来改变卫生间的窄小格局，让人身处其中也不会感到局促，从而改变卫生间给人的整体感受。

儿童房案例美图

环境影响着一个人的心境。我们居住的房间，是我们每天都要面对的一个物理空间，所以，想要拥有怎样的心境和心情，在一定程度上是可以通过环境的精心安排和布置做出预设的。

孩子的成长，除了给他们一个健康的心理成长环境，生理成长环境也一样重要！儿童房除了美美的，符合不同成长阶段的使用需求，还要避免安全隐患。

第一章

不复乱的整理，你需要高效整理四步骤

"整理好累啊。"

"整了也没用啊，过两天又乱了。"

"我应该是完全不会整理吧。"

你有没有这样抱怨过或听到过这样的抱怨呢？辛辛苦苦耗费十几个小时的工作成果，不出三天又乱了。这样花了大量力气又吃力不讨好的事情会让我们进入讨厌整理的"死循环"。

请先看看下面几句话，哪句更接近于你开始整理时的动作：

搜索视线范围内一切可以扔的东西

抓起桌上的杂物，然后打开抽屉，找到空位把它给放了进去

打开手机开始翻看网红收纳神器

如果这就是你的日常整理习惯，那么抱歉，请接受现状，你的家必然三天一小乱，两周一大乱。这些习惯不仅让你的整理又快速复乱，还严重打击了你整理的信心，让你错误地以为自己不会整理，其实根本不是，只是简单的整理顺序错位了。

正确的整理其实是分步骤的，就像我们吃西餐，从头盘到主食再到甜品，这样的安排看似并不紧要，你当然可以任性地先吃甜品，但是饱尝过甜品的味蕾和胃口都会让你对之后才上的主食减弱食欲。

正确的出场顺序绝对不是矫情，而是经验的总结。陈列式整理术的整理顺序只有四步：

第一步：摊开来

第二步：做分类

第三步：做筛检

第四步：放回去

这四步看似容易，但如果你做了省略或执行时顺序错位，就一定会导致整理不彻底，治病不除根，最后吃亏的还是自己，整理后又恢复到混乱局面是必然的。

第一步：摊开来，让所有被隐藏的都暴露于阳光下

请在地上或床上铺一块旧床单，然后把选定区域里、柜子中的物件全都拿出来，摊在这里，柜子一定要掏空，不能留隐患。

请在此时打住你抱怨的声音，正是因为总是藏藏藏、塞塞塞，家里才会像生了病一样被杂物堵塞住了。不把病症找到，只做表面的治疗，病痛一定会再次找上门。

摊开来，让所有被隐藏的都暴露于阳光下。让自己看清楚，家里买了 n 把剪刀、n 条发圈，因为它们都是被临时塞到空隙里，从来不是被集中在一个地方，每次想要用都找不到，买一个丢一个，丢一个又再买一个，于是家里的混乱症就这么患上了。

步骤 ▶

（1）在地上或床上铺上一张旧床单或一次性桌布。

（2）将柜子里、台面上所有待整理区域的物品都拿出来摊开。只有物品被全部摊开后，才能真正看清楚被隐藏起来的混乱问题。

第二步：做分类，越容易判断的越是要先分

分类和摊开不可同期进行，只有当物品全部摊完，才能真正开始做分类。

分类时越容易判断的越是要先分。例如，使用人、物品属性、使用方法，这些很明显就能判断的可以作为分类的方向，分类一定要做到物品在被判定出将会以何种方式进行处理的程度，才算完整。

以衣服为例：它将被折起来还是挂起来，以及用什么方式挂，这才算分类结束。

步骤 ▷

（1）首先是分大类，按照最容易分辨的类型做初步分类，以整理衣柜为例，我们可以将衣柜里的物品快速分为穿着类（衣服）、工具类（包包）以及佩戴类（帽子、围巾、皮带等配饰）。

如果以厨房物品为例，那么可以根据工具类、食物类、盛装类等定义来进行第一步的快速分类。

（2）分完大类后，我们可以继续往下分类，将每一项再继续往下拆分。例如，炖煮工具我们可以从厨房工具里单独列出来后，再往下细分为通电工作的锅具和燃气类锅具。

再例如，保鲜工具类，我们还可再细分为干货收纳类、新鲜食材保鲜类以及剩菜饭储存类等三类更具象的保鲜工具。

厨房工具可以分类为炊具、餐具、备菜工具等。

属于穿着类的鞋子，可按设计分为平跟鞋、高跟鞋、靴子等更具体的类型；或根据穿搭习惯来区分：家居类、休闲类、时尚类、特定季节类（如羊毛鞋和露指拖鞋）或特殊场合配搭类（为晚宴而买的、为了配搭汉服、旗袍等特殊造型购入的）等。

（3）分类到最后，甚至还可以将物品按照颜色、材质和尺寸进行分类。分类越细，放回去的时候也会更容易。

对于玩具，我们将其按照颜色做了区分，放回柜子里的时候，直接按照这个模样放入对应的收纳框格就好，整理完成后，无论是拿取还是放回都既符合逻辑又容易辨别。

第三步：做筛检，自然而然地决定

分类后，大家就会对自己的物品存储量有了很清晰的认识，例如，是不是会习惯性购买同一个颜色或款式的上衣、裙子，是不是对某一类物品有着超强的执念，此时，筛检工作就该上场了。

感性的处理是筛检中较难的，要先做。例如，挑出坏掉的、旧的、不喜欢的，凭第一感觉来判断。但是人都是念旧的，尤其是经历了100多年物资短缺和经济动荡的咱们，对物品的执念已经被刻入到了基因里（美国《细胞》杂志曾报道过，记忆是会遗传的，并且这个遗传会影响4~5代人），所以父辈、祖父辈、曾祖父辈们都曾经历过的生理需求无法得到满足的时期，让他们长期带着对物品缺乏时的恐惧，传到我们这一代，我们也自然而然对物质有种特殊的执念，无法轻易地丢掉物品，即便它们不再合适。

尤其是当某些物品的购买价格十分昂贵时更甚，于是衣柜里填满了明明不会再穿、穿不进去，但怎么也请不出去的"贵价衣服"。新买的衣服反而没地方可放。

所以，我们还应该借助理性的方法来处理物品。这时我们可以用到1:3:1原则。即当我们摊开、分类结束后，请在每一个细类中挑选出接下来的1~3个月时间里一定会用到的物品，把他们放回柜子中，然后剩下的全部打包封箱，放到储物间或看不到的地方，观察1年。

这期间如果不会再想到它们或取出它们，那么一年后，这些物品最终的去向自然有了清楚答案，不用逼着自己当场做决定。

步骤 ▶

（1）做筛检比较直观的是用"是否是重复购买""是否有损坏""是否已经过时""是否过期""是否用不上"做判断基准，这样我们就能快速完成物品的淘汰和处理。

（2）当我们所遇到的物品量极大，或做决断时会不断纠结不舍得做处理时，由理性判断主导的"1∶3∶1法则"就可以用起来了。首先按照1个月、3个月和1年的期限，分别将它们打包。

然后再贴上标签单独存放起来，接下来就等待时间来为我们做抉择吧。

第四步：放回去，让收纳变得简单

当我们完成了前面的三个步骤，特别在筛检做完后，第四步"放回去"也就变得很容易了。

因为瘦身后的物品不会再让柜子为难，有了空间给我们放回去，就完全没必要塞塞塞、藏藏藏了，再加上一些收纳小技巧，便能将接下来的生活变得容易又轻松。

大家有没有发现，我们在做整理的时候，"压"这个动作做得很多：衣服折好了，那么就一件一件"压"上去放到柜子里；资料、说明书，一本"压"着一本放到抽屉里；炒锅、平底锅，一个"压"上另一个后再推到柜子里……

放回去，是整理步骤中的第四步，但也是最为重要的一步，因为这一步没做好，前面的辛苦都是白费。

过去，物质不丰富，传统的置物方法没有什么问题。抽屉打开，随手放一下，柜门打开，随便摆一下，收纳就是物品只要能找个地方存放，保证下次使用的时候能找到就行。

可是，这样的老式收纳法，到了物质过剩的今天是行不通的。现代生活中，很多人有超过1000件私人用品，家人合住的情况下，这个数字会大到更加无法想象。

只是一味把东西往抽屉、柜子里随手一压、一塞，东西越积越多，我们就只能看到最后被摆进去的那件，那些被压在下面的东西永远会被压在那里，再也见不到天了。

所以，整理的最后一步，物品放回时，我们有以下三个摆放建议。

（1）一字排开法：将物品一件一件铺排开来。

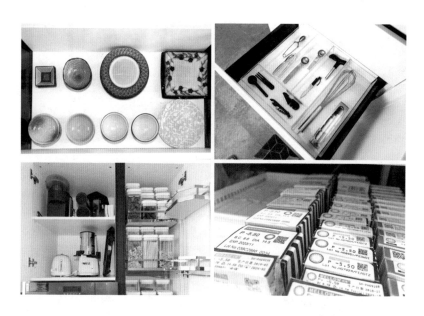

（2）以竖代横法：能够竖起来放的时候，无论物件是衣服还是锅碗，都竖立起来放。

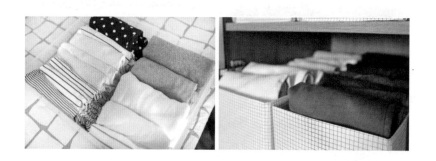

（3）固位法：用工具给物品做固位。通过边框为物品做支撑，保证拿取过程中不影响其他物件的摆放，同时通过固定处所这样的留位的方式，让物品被取用后还能原位放回，预防复乱。

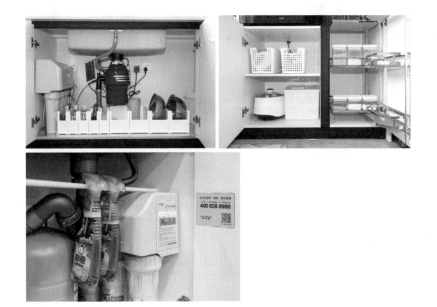

储物最重要的就是被陈列、被展示。当我们拉开抽屉、打开柜门的一瞬间，就能看到那个被找寻的物品，才是最适合现代生活的储物方式，也就是"3秒取物法"——打开柜门和抽屉1秒，看到并取出物品1秒，关上柜门和抽屉1秒。

以上三种陈列收纳的方法，轻松满足"3秒取物法"的要诀。

小 贴 士

开始整理前，请先预留足够的时间，切忌给整理留尾巴，一旦给了自己松懈的理由，尾巴就会一直留在那里。

所以，请至少预留6个小时去集中解决一个区域的问题。6小时，看似很多，但真正用起来，不过是整理完一个双门衣柜或一个3~5平方米厨房的时间。

时间预留足够了，就请就位按照以上四步骤开始执行吧！

第二章

好运气源于一个永远 对你"笑脸相迎"的鞋柜

玄关是入户的第一个关口，是我们进出门必经的地方。所以，当它处于一个混乱的状态时，这个负能量场就会一直缠绕在我们身边，回到家我们第一眼感受就不好，不能立刻卸下包袱，反而徒增疲惫感。出门时可能因为没有找到心仪的那双鞋，使出门后的每一步路都觉得不舒服，从而不能快速达到最佳状态。

是的，玄关是入户区，因为进出需要换鞋，大部分家庭都会在这里设置一个换鞋区，这是最为便利的换鞋场所，所以鞋柜的收纳就变得尤为重要了，因为鞋柜影响了整个玄关，而玄关是否通畅又会影响到我们的心情。

鞋柜的选择

作为玄关主角的鞋柜，在选择时就不能马虎。我们有时候只看到鞋柜很乱，放不下鞋，塞也塞不进，摆又摆不好，就以为自己的鞋柜不够用，或者是自己不会收纳。此时我们需要回到源头找答案，或许是鞋柜出了错，所以如果有机会，在选择鞋柜时就该做出适合的选择。

选择鞋柜有两种方法：一种是正向选择法，即根据空间来选择鞋柜的款式；另一种是逆向选择法，根据自己的鞋款来选择鞋柜。

这一点很重要，不同的选择方向将直接影响到生活的质量。

无论鞋柜的款式和外观有怎样的不同，总体来说，鞋柜就只有两个大类（根据它收拢后的状态来定义）：插放式和平放式。

插放式鞋柜

按照正向选择法来说，它非常适用于入户空间窄小的家庭，因为这类柜体厚度在 20 厘米左右，即便是放在内开式的入户门后面，也不会影响进出。入户区有一小块凹面的户型尤为适合，把鞋柜放在这里，可以把这个区域填平，这样，原本尴尬的区域就可以被完全利用起来。但是请注意，这类鞋柜高度不宜超过胸部，因为太高就会让我们的拿取和放入变得困难。

但是如果是高跟鞋控或者冬天特别喜欢买靴子的女生，这样的鞋柜就不太适合了，因为这类鞋柜放置鞋子的方式是把鞋尖向下插入鞋柜中。常规的放入法，会使高跟鞋在盖板扣起时，受到高跟往前推送的反作用力，加大掉入鞋柜中的风险。

短靴能勉强放入两层式的插放式鞋柜中，单层式的则不用考虑。长靴多的女生也建议不要购买这样的鞋柜，因为只有极少数能放得进去。

平放式鞋柜

适用于空间比较充裕的家庭，它的款式和高度也是可以根据需要，完全定制化。它几乎适用于所有的鞋款，如果内部层板还可以自由地调整高度，那它就是一个万能鞋柜。

但是还有一种平放式鞋柜（平面向前倾斜），因为受到鞋柜倾斜度和地心引力的影响，不适于放置跟高超过7厘米的高跟鞋，也不适合硬皮中靴和长靴，即便放上去，主人也会长期面临鞋子随时被碰掉、每天都要反复给鞋子复位的局面。

所以，收纳整理要学习的不仅仅只是叠叠放放的技巧这么简单，家具的选择也很重要。合适的家具可以从源头解决不好使用、不方便收纳的问题，绝对事半功倍。

06

鞋子的摆放技巧

看一下你的鞋柜，是鞋跟朝外摆放吗，你是否还在用错误的方式放鞋呢？

其实鞋子的收纳方法只有两个，一个是正向插入法，另一个是正向陈列法。

正向插入法

很好理解，正向插入法也就是把鞋尖朝内放入鞋柜中。

然而，这样的放置方法只适用于向内斜插的插入式鞋柜。因为它的设置是前窄后宽，而我们的鞋子也是鞋尖矮窄，而根部宽高，所以顺着把鞋尖插入鞋柜中，推拉门板能轻松关上，门板闭合后，鞋子能顺着挡板站立起来，立在鞋柜中。

插放式鞋柜的用法

用这类鞋柜，我们可以将鞋子鞋尖朝前平插入鞋柜中。

高跟鞋类或短靴类，可以将鞋转向侧躺插入鞋柜中。

拖鞋可以对折后侧着插入鞋柜中，这样更节省空间。

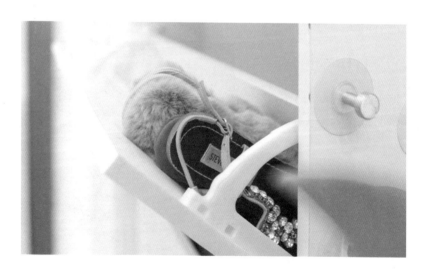

正向陈列法

除了斜插式的鞋柜，建议大家在使用其他鞋柜时，都采用鞋尖朝外的方式来摆放鞋子。

放鞋时，很多家庭会习惯将鞋跟朝外，理由是拿取很方便，只要用两个手指夹住鞋跟，就能顺势把鞋拎出来。

但是我们换一个角度去看，会发现其实这样的摆放方式并非最佳。如果我们把鞋子比作"人"，鞋跟朝外就像是一个人用后背对着你说话，没有一点感情也没有一丝尊重。

把鞋尖朝外，那么我们每天看到的就像是一个大大的笑脸，心情可能也会随之变好。

而且这样放鞋并不会增加拿取的难度。我们同样可以用两根手指夹住鞋面或鞋舌，鞋子们也能乖乖顺着手臂的力量被取出来。

并且正面陈列法还有一个好处：当我们的鞋柜特别浅时，还能通过侧转鞋身的方式，轻松化解柜子缺陷带来的尴尬。

但是要记住，鞋子侧转的方向应以大门的方向为准，将鞋尖朝着门开的方向转过去，和我们要将鞋尖朝外同样的道理，这样放置后，鞋子们会向您发出一个信号——它们都希望跟着您一起出门，就像是象形图标一样，有一种标示和指引的作用。

平层鞋柜的陈列法

　　鞋尖朝外的陈列法和传统的大家习惯的鞋跟朝外的方式一样好用，而且这样放，鞋款一目了然，每天出行的装扮和配搭也会变得容易和更有效率。

坡度鞋柜的陈列法

　　坡度鞋柜用法和平层鞋柜一样，可将鞋尖朝外陈列摆放，但不建议放鞋跟超过7厘米的高跟鞋，中低跟和平跟鞋都能在这里被稳定且美观地陈列出来。

浅鞋柜的陈列法

鞋柜不够深的时候，可以将鞋面转向做陈列，鞋尖转向大门方向。

07

鞋柜空间扩展术

鞋柜被塞满，好多鞋没处放，可是鞋柜层板是固定的，改动需要大动干戈，难道要换鞋柜吗？要怎么办才好呢？

有的鞋柜在定制时被固定了层板，是为了方便一些特殊鞋款的放置，如短靴等，但这也限制了对空间的完全开发和利用。

有的家庭，因为空间紧张，没有独立的鞋柜区，所以利用了其他区域（如衣柜下方多出来的空间）来搭建临时鞋柜区，结果发现柜体或太深或太浅，根本没办法把鞋管理好。

针对这些问题，我们就来改造一下，用小技巧让储物空间容量翻倍吧。

单层变双层的秘密

当层板不可移动时，上层空间是最容易被浪费的，所以要想办法把上层空间利用起来。

例如，我们可以把鞋子原本的鞋盒放到这里，或加入分层鞋架，或者为了美观，添置一些透明的鞋盒，把鞋盒放入鞋柜中，开口向前，这样就能把原来的层格、层板区划分成两层或三层，原本不能被利用的空间就被完好地使用啦。

1双变2双的秘密

如果我们收纳的是带跟的鞋子，还能将伸缩杆撑在鞋柜中，然后把一只鞋挂起来，另一只鞋放前面，一前一后，原本1双鞋的位置就能轻松放上2双，即便不用鞋盒做分层，也能将鞋柜空间自然扩大2倍以上。

又或者是把它们立起来后侧着放入鞋柜中，这样也能在同一排中放入更多的鞋子。

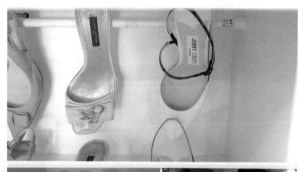

深鞋柜不浪费

正常的鞋柜，深度在 35~40 厘米足够了，鞋柜如果是放在衣柜下方的，就会变得和衣柜一样深（55~60 厘米），如果只放一双鞋，后面的空间就被浪费了，若前后都放，又会因为后面的鞋被遮住而会忘记它们的存在。

这样的鞋柜，我们建议将一双鞋拆开，一前一后地放，即便是只看一只鞋也能知道后面放的是它的另一只，这样就不用担心总是忘记自己买过什么鞋，也就不会浪费鞋柜空间。

小 贴 士

不同的家庭成员，鞋子尺码、类型都会有所不同，比如爸爸的鞋子比较大，但是孩子的鞋子尺码就很小，用统一储存区的话，可能放不下爸爸的鞋子，也可能放了孩子的鞋，却浪费了很多空间。所以，要给家庭成员各自不同的鞋子收纳空间，然后利用我们介绍的方法，改造成既统一美观又能充分利用的鞋柜。

第三章　　　　　美味厨房整理术

小时候，最幸福的莫过于吃一顿妈妈烧的红烧肉。可是现在，我们一想到做饭就头疼，即便是给自己做一顿简单的番茄鸡蛋面，都懒得动手。

我们宁愿等着外卖送上门，也不想去厨房做一顿健康美食，表面上看这是懒，但实际上，我们到厨房转一圈就知道了。

小资的姑娘们，追求时尚，买回来现磨咖啡机、煎蛋机、榨汁机、豆浆机……全部排在台面上，结果厨房里满满当当的，前后对叠，拍照发朋友圈选个角度确实很美，但是操作台上却没有一丝空白空间，要做饭，却完全做不了。要做饭，就得把这些物件全都先腾挪开，然后才能有地方备菜、切菜。

"既然这么辛苦，那就不做饭了"变成了心里的潜台词。

其实，对自己好一点很简单，就是把厨房整理好，给自己做顿饭，让肠胃轻松一点。

厨房是做饭烧菜的地方，它总结起来就是三件事：洗菜、备菜和煮菜。所以，厨房有三个黄金区域不可侵犯：洗涤区、备菜区和炉灶区。为了我们的健康，请将这三个地方留白吧！

　　灶台区域留白后，烧饭炖煮都不会有遮挡，做饭也是一件愉快轻松的事。

　　切洗备菜区同样也是如此，如果每次备菜都要把台面上的东西腾挪来腾挪去，做饭就会变成一种负担。

现代厨房的发展历史

　　要想整理好厨房，首先要清晰厨房的组成和结构，这又需要从源头说起。现代的厨房装修，无论装修公司给出的是什么方案，其基础都被称为"一体厨房或整体厨房"，也就是我们已经司空见惯的集烹饪、清洗、储物、现在还发展出了清洁（如洗碗机、消毒柜）等为一体的厨房，无论你是想要标配还是定制，都有现成的模块供你选择。

　　现代厨房来源于欧美。先从中国一线城市开始普及，因为这样的一体厨房无论从使用上还是美观上都更适合城市居民。与此同时，照搬过来的还有厨房的储物空间。所以，我们时常会看到厨房的抽屉特别大而深，因为西餐用平底锅和盘子比较多，这些大而深的抽屉放起来很合适。但是放我们每天盛饭的小碗、蘸料小碟就太难摆了。

　　了解了厨房的来历，再来看现代厨房的设计，不合理、不好用就有了缘由。当然，我们如何去避免和改造也就有了依据。

09

橱柜的储物原则

现代厨房的橱柜一般都有抽屉和层板两种储物空间，不同的空间形式当然也有着不同的储物原则。

厨房抽屉

很多人觉得抽屉又占空间还放不了太多东西，取消掉不是更好吗？

为什么橱柜要把抽屉作为标配产品？抽屉好用吗？随便放点保鲜膜、厨房纸什么的就给塞满了，找东西一点都不方便，全被遮住了。想用抽屉来放调料也不行，过不了几天就变质了，真纠结。

这些源于欧美的抽屉，看似不好用，但只要用好了，我们会发现做菜会更便捷、更高效。厨房的抽屉收纳，可以分两个方向考虑，一是抽屉在哪个位置，二是它是深抽屉还是浅抽屉。

位置决定物品的归宿

我们的抽屉一般会被设置在炉灶下方和操作台下方。

炉灶下方是碗碟专用区。它处于明火下方，长期接受高温烘烤，绝对不能放置调料、食材这一类会随着环境变化而发生质变的物品。

因为一般灶台离地 80~90 厘米，所以它下方的空间常被分割成 2~3 个深度高达 50 厘米的抽屉。因为足够深，大家愿意用它们来存放高瓶罐装调料或袋装干货，但又如上面所讲，太靠近火源，食材放这里会变质，所以，才有豆瓣酱没放几天就变色了，白砂糖没几天结成块或融化了的问题。

炉灶下方的抽屉收纳

炉灶下方的抽屉能放置的一定是性质稳定、不会受环境变化而发生改变的固态物品。因此，碗碟、餐具、隔热垫、锅、铲这类物件更适合放到这个区域。

除此之外，碗碟放这里也更符合逻辑动作流线。尤其是空间比较紧张的厨房，不用提前把碗碟摆上台面占用空间，可以在完成炒菜、熄火全套动作后，拉开抽屉、取出盘子，盛好上桌，完成烧菜到上桌一系列动作。

要换锅也容易，一道菜做到焖煮阶段，另一道菜就可以开启。这时，只要拉开抽屉，再取出一口新锅，摆上灶面，开火，这样就能节省时间，两锅齐上阵。

其他区域的深抽屉则没有太多限制，可以自由放置任意需要更深储物空间的物件，我们放之前，只需要考虑它会在哪个区域去使用，确定好，就把它放在这个台面区域下方的抽屉里。

抽屉的深度决定放置的物件

浅抽屉的收纳

　　浅层抽屉最浅的深度可能还不到10厘米。这个就像是在夹缝中求生存，它只能放如筷子、勺子、食品封口夹、筷架、保鲜膜、锡纸、隔热垫这一类固形的、窄矮的物件，西餐中的刀叉、黄油板、手工打蛋器也可以放在这里。

　　深抽屉深度从 25~50 厘米跨度很大，深度大到 50 厘米的抽屉用来放窄扁的筷子、漏勺会太浪费，所以放置身材较高的、体积偏大的物件更合适，例如，干货、碗碟、锅具、调料等。

　　如果没有浅抽屉只有深抽屉，那么我们就可以把深抽屉分割成多个窄长条的空间，再把窄短的物件如隔烫垫和垫油纸竖起来放，这样就不会产生空间浪费的问题了。

　　所以，抽屉能够管理的物品是非常多的，而且按照这样的收纳法，厨房的工作也会变得更高效。

厨房层板

再来看层板区，不少家庭都会因为物品放得太满，或者塞入过大的锅具，让层板储物区的柜门关不紧，东西放进去后总往下掉，怎么办呢？

为了让我们备菜的过程更轻松和容易，同时还能满足储物需求，现代厨房结合人体工学，将柜体划分为中间段留白，上下错开式的两段式结构，这两段被我们称为上橱柜和下橱柜。

因为高度不同，上下橱柜的层板区的收纳也会不同，为此我们总结出以下3个基本原则。

重量原则

厨房层板区的收纳有一个不成文的规则——上轻下重。

从上往下拿取物品，需要利用手肘的支撑力，手力不稳或手上有油时就有东西掉落并砸到自己的风险。为了避免安全隐患，放在上层的物品一定要轻。干货、小罐的调料或杯子这类轻巧的物件放这是合适的。

下层厨柜更稳当，可以放置碗碟、油米等，碗碟取用时可以多个一起拿取，建议下厨柜放需要腕力和手臂共同出力才能取出的重物。

前后不遮挡

这条尤其适用于上层橱柜，因为它们所在的高度会超过我们的水平视线，如果前后排列的物件高度完全相同（同时满足不同类），或者前面的物品比后面的物件还高时，后面被遮挡住的物件就很容易被遗忘，整理的最终目的就是被陈列和被展示，如此才会被好好使用。

整体拖移法

因为厨房的东西不仅多还很零散，盒子、保温杯、备用的洗涤用具等，类目繁多，摆出来数量也很惊人。如果把这些物件散落到各处，看到空地就塞，最终的结果就是要用东西的时候找不到，买回来新的东西放不进去，柜子塞太满了还会被挤得掉出来。

下柜一般都很深（55~60厘米），拿放在深处的物件还需要把前面的全部腾挪开，用完后再搬回去，来回折腾，还真挺麻烦。

因此，我们建议层板空间配收纳篮来管理。把它分成若干个篮子区，再将物件分门别类填充进去，简单两步就能更清爽以及更有效地把这个区域使用起来。

全集中在一起收纳更方便管理也更方便复位。

厨房分类

我们有一个三步分类法，用好它整理将会事半功倍。

厨房想要收纳好，分类清晰很重要。分类做好了，整理将会事半功倍。

分类时，首先我们得了解物品存在的目的，例如，被选定物品的属性是什么，它会在什么情境下被使用，以及它的使用频率等。

我们选取了百件厨房常用物品，将它们按照属性分成了9类，分别是电器类、锅具类、工具类、餐具类、调味品类、酱料类、鲜食类、干货类以及其他食物类。

在分完大类后我们会紧接着进行第二次分类，这次分类目标是使用方法。例如厨房工具，它下属的物品，我们可以根据使用方法，将它们继续分成刀具类、炊具类、小工具类、保鲜类、辅助类、用餐辅助类和清洁类。

接着，我们可再根据物品的形状、材质或存量做更深入的细分。例如炊具类，我们可以根据物品的材质，继续分成抗高温和不抗高温类……当分类做到最后，物品将要被放置的位置就会自然而然地浮现在我们的脑海里。

分类就类似于计算机的AI计算过程，只要分得够细、够彻底，整理就不再是难题。

分类越细越好。在前面讲述的三个分类基础上，我们还可以继续往下分，例如，在其他食物这个大类中，我们选茶叶作为目标对象，可以根据它发酵的工艺分为红、白、黑等细类，再往下可以分为袋装或散装的包装方式，到这里可以结束，但并未真正结束。再继续分，还能分茶叶是开封的还是未被开封的，从而决定它将被放置于冰箱做干燥储存还是常温自然保存。

分类是一件工程量巨大的工作，它在整理中占据极大的比重，切不可掉以轻心！

厨房百件物品分类模板

1. 厨房电器

大家电：冰箱、消毒柜、微波炉、洗碗机、电磁炉；分完小类后建议再继续往下分固定位置类、不固定位置类

小家电：电饭煲、烤面包机、电热水壶、榨汁机、豆浆机、汤煲、小烤箱；分类完成后再继续分常用类、不常用类

2. 厨房锅具

煎炒类：煎锅、炒锅、平底锅；分类完成后再继续分常用类、不常用类

炖煮类：蒸锅、汤锅、砂锅、奶锅；分类完成后再继续分常用类、不常用类

3. 厨房工具

刀具：菜刀、砍刀、蔬菜刀、水果刀、比萨刀；分类完成后再继续分常用类、不常用类

炊具：菜板、汤勺、漏勺、锅铲、木铲、不锈钢铲、聚酯铲、蒸锅垫、隔烫架、烤肉夹；分类完成后再继续分常用类、不常用类

小工具：削皮器、切丝器、压蒜器、开瓶器、比萨切片刀、打蛋器；分类完成后再继续分常用类、不常用类

保鲜类：保鲜袋、保鲜膜、保温杯、保鲜盒；分类完成后再继续分长尺寸、短尺寸、不规则类和规则类

辅助类：烘焙纸、吸油纸、滤袋；分完后再继续分可变形类、不可变形类

用餐辅助：餐垫、隔热垫、牙签、加热板；分完后再分大件类和小件类

清洁类：百洁布、抹布、刷子、洗洁精、蔬果泡洗液；分完后再继续分悬挂类和摆放类

4. 厨房餐具

餐具：陶瓷汤勺、筷子、西餐汤勺、西餐刀、西餐叉、吸管、筷架；分类完成后再继续分常用类、不常用类

杯子类：白酒杯、分酒器、勃艮第杯、波尔多杯、白葡萄酒杯、香槟酒杯、甜酒杯、醒酒器；分类完成后再继续分常用类、不常用类

碗碟类：饭碗、汤碗、色拉碗、汤盆、浅菜盘、深菜盘、鱼盘、骨盘、调料碟、比萨板；分类完成后再继续分平日用类、节日用类

5. 厨房调味品

液体类：食用油、醋、料酒、橄榄油、耗油、麻油、生抽、老抽、酱油；分类完成后再继续分高瓶类和低瓶类

固体类：辣椒、盐、鸡精、味精、白糖、花椒、胡椒粉、八角、葱、姜、蒜；分类完成后再继续分袋装类和罐装类

6.酱料类

辣椒酱、甜面酱、豆瓣酱、芝麻酱、番茄酱、色拉酱；分类完成后再继续分需冷藏类和无须冷藏类

7.厨房鲜食食品

长条形蔬菜：黄瓜、白萝卜、胡萝卜、莲藕、山药、辣椒、豆角、茄子；分类完成后再继续分耐保存类和不耐保存类

类球形蔬菜类：西蓝花、菜花、番茄、青椒、洋葱、土豆；分类完成后再继续分耐保存类和不耐保存类

圆柱形蔬菜类：圆白菜、大白菜、冬瓜、南瓜；分完类后再分整颗类和分装类

菜叶类：青菜、菠菜、黄豆芽、绿豆芽；分完后再分袋装类和散装类

水果：苹果、梨、橙子、橘子、车厘子、草莓、葡萄、牛油果、香蕉、火龙果、龙眼、荔枝；分完后再分袋装类和盒装类

8.厨房干货

主食类：面粉、面条、大米；分完类后再继续分存量大和存量小

杂粮类：小米、黑米、紫米、高粱米；分完类后再继续分存量大和存量小

豆类：黄豆、绿豆、红豆、黑豆；分完类后再继续分存量大和存量小

即食类：山药粉、藕粉、芝麻粉、麦片；分完类后再继续分存量大和存量小

辅料类：木耳、香菇、银耳、腐竹；分完类后再继续分存量大和存量小

9. 其他食物

零食类：夏威夷果、果脯、薯片、果冻、牛肉干；分类结束后再继续分健康零食类、休闲零食类

茶叶类：绿茶、红茶、乌龙茶、黑茶、白茶、黄茶；分类结束后再继续分袋装类、散装类

7件厨房收纳好物

厨房的收纳除了策划到位、收纳有技巧外，还有一个很重要的环节，就是匹配合适的收纳工具。厨房的物件不仅数量多，品种也很杂，不同类型的物件特性还不一样。所以，我们需要针对物品的特性配置相应的管理工具，这也是规则的一种。当每项管理都有逻辑后，视觉、心理和物理层面都会变得齐整、统一且和谐。

厨房收纳，我们推荐以下7款好用又实惠的工具，这7件神器能帮你打造美食博主般的网红厨房，不仅好看还非常实用。

食材收纳盒

这是几乎所有美食博主都会用到的网红工具。

以前我们喜欢买散装的红豆、黄豆、香菇、腐竹，它们大多是塑

料口袋盛装的，密封性不好，需要替换包装，但是现在咱们都是从超市或网店里直接买带密封条包装的产品，那还需要换瓶吗？会不会太浪费了？

如果量少，只有2~3袋干货的家庭确实可以保留原包装。但是用豆类、谷类做早餐或喜欢搭配各种料煲汤的家庭，保留原包装的方式会让厨房的工作效率变低，每次都要在袋子间频繁翻找才能找到足够的材料。

所以，有各种备货需求的美食博主都会选用透明的有固定形状的食材收纳盒。收纳盒外表通透，食材放里面能被清晰看到；形状统一，可以叠放，很省空间。此外，它还自带密封性，既保障了食材的安全，又美观好用。

但是请注意，放入抽屉里时，视线是从上往下，上不可遮下；而放层板空间时，视线是从前往后，要注意前不挡后。

密封袋

从经济角度来讲，密封袋是厨房收纳工具里最实惠的一种。密封袋可以用来密封食材，也可以用来做分装袋，吸管、一次性餐盘、厨房散装调料块等，所有想跟其他物件分隔开来的物件，都可以用它来独立隔离包装。

但是要注意，密封袋自身没有支撑力，建议搭配收纳篮给它们固型，这样密封袋就可以用陈列法则中的以竖代横法来陈列，一个一个站立起来，不仅管理方便，还罗列清晰，方便实用。

窄矮型收纳篮

收纳篮非常稀松平常，但是却非常强大，什么物件都可以管理。厨房收纳篮，我们建议大家购买方形或长方形的，少用圆形或圆角的，因为可以在拼接排列的时候，避免空间的浪费和丢失。

窄矮型的收纳篮可以用来收纳厨房的杂物，如蔬菜、水果、零食、工具等所有小件和零碎的物品。它们的作用就是分类管理和固位，避免空间的无序导致凌乱。

宽深型收纳篮

　　和所有收纳篮一样，它可以用来做分类收纳，但因为它有更高的两壁，可以做更高和更大的物件的管理。

　　前面讲过，竖立收纳最省空间，所以像锅具这类大件厨房物品，可借用宽深型收纳篮两侧的支撑，从叠放变竖放。

　　盘子、碗碟、炖盅、小电器等也可以用它们来做固位管理。

抽屉分隔盒

刀叉、勺子、筷子、筷架都需要分类管理，橱柜抽屉就是一个很好的管理区，因为板层够长，在里面一格一格隔开来，就能分门别类地把它们都清晰地隔离开来。

小推车

如果橱柜较小，可以考虑增加一个小推车，这样就能把类似于锅、调料或蔬菜水果这一类占地比较大的物件单独管理起来。

下吊篮

　　橱柜上吊柜和操作台中间有一部分盈余空间，只要把下吊篮挂在层板上就可以使用了，而且橱柜里面也可以用。

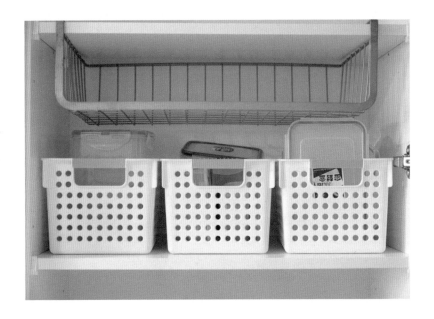

保护肠胃的冰箱收纳术

冰箱不是保险柜，食材冷藏有讲究。

在做上门服务的时候，我们曾在客户冰箱里发现过放了两三个月已经被冻成冰块的奇异果、被冻化成菜浆的空心菜以及被剩菜、剩饭、油渍粘得黏糊糊的冰箱层板。当冰箱被塞得满满当当时，这个被当作万能的保险箱其实已经成了完全不敢往外面拿取食物的"垃圾箱"……

未经规划和整理的冰箱，我们不仅需要忍受陈年腐败食物叠加起来的酸臭气味，还有患上肠胃疾病的风险。所以冰箱整理刻不容缓。

冰箱整理时，我们首先得明白它的分区，然后再看不同区域内的储存建议。

双门冰箱

双门常规冰箱的功能很简单，只有冷藏区和冷冻区，冷藏区温度可以在0~10℃间发生变化，它们适合储藏新鲜食材和需要被冷藏降温管理的其他物件。

冷冻层的温度可以低到 -18℃，用于管理需要被长期保存的食材，如肉类、海鲜等。

三门冰箱

三门冰箱比双门冰箱多一个区域，该区域处于冷藏和冷冻之间，是一个变温层,温度可以在一定范围之间变化,它更适合用来储放需要被快速食用的饺子、汤圆等主食类食物,以及当天要被炖煮的,在这里做慢速化冻的肉类。

此外,我们还需要了解冷气的物理运营机制,并以此做支撑,做空间的分区规划。

冷空气和热空气的不同就在于它们的体积和密度不同。

当冰箱里的冷空气和门外的热空气相遇后,冷空气会受到影响而温度上升,在这个过程中,它的体积会随着密度的增大而变大,但是质量却没有发生改变,所以会变得比冷气轻,并往上升。

冷藏区的储物规则应该随冷暖气流的特性而制订。位置越低,冷藏效果越好,需要被保鲜的食材就越要被放低。由此,我们给大家总结了一个冷藏分区的建议。

冷藏区下部

在冷藏区的下部,位置最低,冷气相对更足,我们称它为鲜食区,这里放置保鲜需求最高的蔬菜和水果更合适。

冷藏区中部

冷藏区的中部，叫固定保鲜区。鸡蛋、剩菜饭、打包回来的外卖以及需要冷藏保存的调料、药品等建议放在这里，它们需要的是一个固定的冷藏区，只要满足低温储存这个条件就可以了。

冷藏区上部

冰箱最上面一层，我们称为干燥保存区，这里的温度是冷藏区里温度相对较高的区域，所以不建议用这里的冷藏功能，而偏重于使用这里的干燥除湿功能。干货、茶叶等，可以合理利用这个区域来管理。

门板区域

门板区域因为需要承受开门关门间热空气的频繁影响，它不适合放置需要长期冷藏管理的物品，类似于鸡蛋一类，我们没法在短期（2~3天）内全部食用完，所以不建议放在这个区域。

冷冻区域

冷冻食物要先预处理后再用密封袋放入，尤其是鸡鸭肉一类，更应该切开成段或块状后再密封打包放入。

除此之外，如果是速冻类的食物，可以将包装袋竖立起来用篮子托住从前往后排列在冷冻区。

这样不仅可以更高效地利用这个储物空间，还能更好地掌控冷冻食物的存量和状态，帮我们更好地管理它们。

冰箱的特别作用

另外还要特别关注一下特殊物品的冰箱收纳。

冰箱除有保鲜功能外，也是一个天然的除湿机，物品放到里面，就会逐渐失去水分，鲜货食材长期保存在冰箱里，就会失去它原本的活力和口感。但是，有些特定物品则正好可以利用冰箱的这种特殊功能来达成它的保存要求。

葡萄酒的冷藏管理

葡萄酒是葡萄汁发酵而成的一种酒精饮料，在发酵过程中会产生酸和单宁，这两项物质将决定它的口感是否能够常年保持稳定。葡萄酒没有过期这一说法，但是单宁和酸却会在长期存放过程中慢慢被氧化而减少，从而从活泼走向平静，到最后让酒变得淡然无味，即我们所说的不再适合饮用。

所以，葡萄酒存放在稳定的条件下，对于延续它的生命周期非常重要。这个条件很简单，只要避光、恒温、恒湿即可（温度在20℃上下）并不一定要放到冰箱里。

有些爱酒的朋友看似习惯性地把葡萄酒放进冰箱里，其实只是在做短暂的储存，是为了在饮用时有更好的口感。例如，气泡和白葡萄酒，适饮温度是8~13℃，放入冰箱只是临喝前的冰镇而并非为了储存。

茶叶的管理

不太喝茶的朋友很难理解，为什么会有人把茶叶放到冰箱里，印象中，茶叶都是常温保存的，难道是自己太孤陋寡闻了？

我们常喝的茶叶不仅仅是红茶、绿茶这两类。茶叶有很多类，用来做奶茶的是红茶，碧螺春这类气味清香的是绿茶，此处还有白茶、黑茶等。我们常规的茶叶，按照泡发后的颜色分，可以分为至少红、绿、白、黄、黑5种。这些颜色是因制作工艺不同所带来的变化。

红茶和黑茶是全发酵茶，它的性质不会因为存放环境发生变化而产生明显变化，所以常温储存就好。

绿茶、白茶、黄茶因为发酵不完全或基本不发酵，所以，它会随着存放环境的变化而产生质变，开封后也会因为受潮而口感变差。此时，冰箱的除湿功效会让它们保持良好的口感。

茶叶开封后可以在冰箱里短暂存放 3 个月（绿茶开封后建议 3 月内饮用完）。但是我们不需要用到冰箱的制冷功能，所以只要放在最上层空间就好。

化妆品的管理

香水是强挥发性的液体，放在高温下会加速它的挥发，冰箱可以通过温度控制来延缓挥发，延长它的使用周期，所以很多明星，尤其是沙龙香水控们会在综艺上安利自己的香水冰箱。

还有类似于纸片面膜、面霜等，在夏季高温天气下，放在较冷的储存条件下保存，上脸的舒适度会更高，也能延长产品的活性周期。

但是，香水、化妆品都是化学制剂，和食物混在一起会影响食品的安全卫生。条件允许建议单独配置一个冰箱，如果空间有限，则建议用带密封的收纳盒在冰箱里做隔离收纳。

第四章

时尚达人都在看的衣柜收纳术

你是否总是感觉缺少一款衣物？你是否有过上班前或出门前在衣柜里翻腾找某件衣服？你是否抱怨衣柜太小装不下而只能塞？

彻底的衣柜整理，经历过的人就会有这样的体会：你的衣柜似乎刻进了大脑，不用翻找，不需要搭配 App，所有的衣服样子仿佛全都存进了脑海里。

衣服乱不乱和衣柜大小没有太大关系，再大的衣柜，如果不会整理，乱的程度只会比小衣柜更严重。你会整理衣柜吗？来看时尚达人都在用的衣柜收纳术。

不后悔的衣柜设计条件

如果衣柜都这样设计，空间好用2倍以上

在入户整理的时候，最容易出问题的衣柜，通常都是"别人家的衣柜"。如果从规划到购买，从头到尾使用者本人都没有参与过，她的衣柜会很容易成为家里的重灾区。

衣柜的收纳和整理除了需要一些技巧和方法外，衣柜本身的设置也很重要，它必须与使用人的生活习惯匹配。所以，设计或购买衣柜前，请先想清楚以下两个问题。

衣柜挂杆放在哪个位置

衣柜有两种收纳方法：挂和叠。

悬挂区的作用是，管理衣物的同时，还能最大程度对材质较为精细的、做工特别的、有特殊花饰的衣物进行保护和展示。

为了方便，我们会更愿意最大限度地去使用这个区域，但是即便衣柜全都成了挂杆式的悬挂收纳区，仍然会有凌乱不堪和不好使用的情况，这是为什么呢？

如果我们细看这样的衣柜就会发现，它们都只是考虑到了最大化地挂衣服，恨不得把整个衣柜都给挂满，把最上一层的衣杆放到天花板上，虽然这样讲很夸张，但是确实有的衣柜居然把衣杆放到了2米甚至超过2米高的位置。

想象一下，对目前平均身高1.6米左右的女性朋友，这样的衣柜是一种什么样的折磨——每天拿衣服、放衣服都是一场跳高训练。

所以，这样的衣柜只有一个结果：要么衣服全挂着不被使用，穿衣服全靠新买；要么被取下来后就再也不想把它们放回去，结果衣柜下半部分总是一团乱，打开柜门，根本没法看。

衣柜挂杆的最佳高度应该以不超过使用人身高20厘米为宜。这样的高度，无论是拿放衣物都很容易，维护成本低，所以也更容易保持衣柜的整洁。

衣物的数量

在衣柜里，除了有常规的横杆悬挂区、抽屉区，还会有裤架区、配饰收纳区、穿衣镜区等，这些区域可能是普通衣柜的标准配置，也有可能是在做定制时，受咨询顾问推荐添置的功能。

其实这些功能并非所有人都用得着。例如，不穿正装衬衫的男士，就用不到袖扣和领带收纳区；非严肃职场（严肃职场代表，如：公职人员、律师、法官等）人士也没有穿西裤的习惯，用不到裤架区；女主人有专用全身镜，衣柜里也不需要额外添置穿衣镜……

也就是说，这些衣柜配件放在柜子里，只会对空间浪费，没有真正存在的意义。

并且，将原有的裤架改为普通悬挂区，可以多挂一倍的裤量；取消穿衣镜，也能多留出2~3件衣服的悬挂空间；配饰区改为衬衣区，只有少量衬衣的朋友也可以在不占用悬挂区的前提下，用折叠不受压的方式来管理它们。

如果空间异常紧张，而衣物量又很大，更可以将裤架区改为折叠收纳区，此时空间的容量就有可能翻数倍！

衣柜的设计和规划建议

衣杆的设置建议参考身高，衣柜中不增设裤架区和穿衣镜区，裤架用普通撑杆替代，而省去穿衣镜，也能保留更多的衣服悬挂空间。

衣柜的折叠区建议改层板区为抽屉区，不仅不会产生空间的浪费，而且对于折叠衣物的储存和管理也更友好，可以利用抽屉的壁板给叠好的衣服做空间的固位。

衣柜设计建议尺寸图

以上面的衣柜为例，这个尺寸包含对于长衣、上衣、下装的悬挂高度建议，也包含顶部预留出来收纳过季衣服和床品的空间建议，同时关于折叠区抽屉的内高也有参考作用（悬挂区为层板间的实际长度，不包含底板到地面的高度）。

35cm			
			25cm
185cm	100cm		
		20cm	
	85cm	20cm	
		20cm	
		20cm	

衣柜的储物区域划分原则

频率逻辑管理法

如果你的衣服总是常常丢在椅子上，那你也许会有这样的经历：刚搬家的时候，看着空空荡荡的衣柜，特别兴奋，想到有那么大的空间可以用来存放衣物，怎么摆、怎么放都妥妥的，再也不用担心不能放心地买买买了。

可是，没几天就发现不行了，曾信誓旦旦地跟自己说，要保持像第一天使用衣柜时的认真和耐心，要每天都把衣服折得好好的、挂得好好的，却发现这样的习惯坚持不了两天。因为每天都要踩着凳子把洗好的卫衣、牛仔裤折好放到柜子顶上的隔层空间里，如此爬上走下，真的很累。

当初吹过的牛，现在变成了每天给自己炖煮的苦药，只想要逃离，所以脱下衣服就索性都丢在凳子上、椅子上，想等有时间时再一次性放进去，然后就怎么等都等不来那个"有时间"。

我们的衣柜收纳，其实是需要考虑储物原则的，其中最常用的是频率原则，即根据使用频率将衣物放入不同的衣柜区域。

根据频率原则我们将衣柜分为黄金区域、木头区域和白银区域（见后文所示）。

高频率物品放在黄金区域

高频率使用的一般是正当季的衣物。例如，春夏季时，T恤、衬衫、裙装使用频率最高；秋冬季时，毛衣、秋衣裤、厚外套使用频率最高。高频衣物应该放在我们拿取最舒适的黄金区域，即柜子的中心部位。

黄金区域

木头区域

黄金区域

白银区域

衣柜的中心部位，在常规的空间里，我们定义它为水平视线上下15°夹角区，即我们手臂一臂内的距离。

低频率物品放在木头区域

频率较低的物品，如反季衣物，需要放在木头区域。在衣柜里，木头区域是需要搭着凳子才能取到的或是超过水平视线的衣柜顶部区域。

因此，当季节交替时，不可以偷懒，一定要将放在黄金区域的即将过季的衣物和放在木头区域的当季衣物做交换。

配件或定期使用的物品放在白银区域

床品、配饰这类，有一定使用频率，但是不是每天都要更换的物件，可以不用放在黄金区域，但是也不适合放在木头区域，所以放在稍微需要下蹲一下就能拿到的白银区域最为合适。

心理逻辑管理法

有人说给自己的衣柜制订存放规则，需要花心思去思考什么是高频率物品、什么是低频率物品，太累还耗时间，做不到。那不妨试一下心理逻辑管理法，我们又称它为 AI 管理法。

在这个方法中，我们可以把人体比作一个运行的计算机：我们的眼睛就是扫描系统，手脚是显示器，脑神经是 AI 处理器。按照计算机语言来讲，我们的穿衣行为就是预先被输入的程序，大脑对它进行学习后，会判断出每件衣物的穿着方式和出场顺序，然后通过眼睛识别衣服后，再用手脚分别把它们放到身体的合适位置上，如帽子放头上、皮带系腰上。

这套系统在每日的穿着过程中已经变成了一个固定输出的信号，即条件反射的动作，熟悉到可以在 1 分钟内穿上所有衣服。既然这套系统已经如此纯熟，那就用它来做衣柜管理吧，而且这样做，还有以下三个好处。

其一，空间分配更快速。

在衣柜里，我们不仅要放衣服还需要放置配饰。用了 AI 管理法后，我们在分配衣柜的时候就不用再纠结，配饰的使用频率到底是低还是高，半裙的穿着频率是高还是低，以及它们应该放在高柜上还是放到最底下的柜子中。

衣柜的 AI 管理法则，记住一句顺口溜就足够，它就是：帽子围巾放顶上，上衣下装分上下，配饰包包放中央。

其二，私密物品不尴尬。

因为在频率管理逻辑中，我们有一个关键点——常用物品一定要放在最黄金最好拿取的区域。类似于内衣，是我们每天都要更换的衣物，照例来说，应该放在黄金区域才好。

可是，黄金区域您拿着方便，别人拿着也方便，如果朋友、亲戚来家里，想参观一下你的家，不小心顺手拉开了这个最好用的区域，这个场面不是很尴尬吗？

这时，心理逻辑管理法的另一个好处就凸显了。我们可以把内衣放到需要蹲下来才能拿取的白银区域，因为打开它需要蹲下来，难度增加了，它被打开的概率也就减少了，这样就自然而然地降低了尴尬的发生，也保护了隐私。

其三，便于他人管理。

心理逻辑管理法是完全按照穿着的顺序来定位物品的位置，所以特别忙碌的你，或者家里有专人打理的，尤其适合这样的收纳方法。

因为不需要额外交代，聘请回来的打理者如住家阿姨或者小时工也能看懂物品的管理路径，知道洗好的衣服应该被放到哪个位置，从而降低了你需要花费的沟通成本。

心理逻辑陈列法

按照衣柜从上到下的空间顺续去排列衣物的摆放顺序，如图所示，帽子放在最上面，然后再放衣服和配饰。

划分上衣和下装的位置时，遵循上衣放在衣柜上部而下装放在衣柜下部的逻辑，不错位不倒放，使用的时候清晰方便，放回去的时候也有逻辑可循，便于管理。

遵循心理安全感，将私密物品避开黄金区放在白银区的位置，增加打开时的难度，也避免了被人误开的尴尬。

关于衣服的管理规则

衣柜中的衣服存放主要是通过悬挂和折叠，但是也要注意它们不同的摆放要点也会直接影响衣柜的整理效果。

挂衣服的正确方式

相对折衣服，有些朋友更偏向于把所有的衣服都挂起来，想着这样做，衣服就能"一目了然"，选衣服的时候会更容易一些，像购物一样，手指头划拉一下就能找到目标单品。

但是，现实很骨感，当我们的衣服全都被挂起来后，看着塞得满满的衣柜，那一刹确实有很强的满足感，但是很快你就会发现，那些面料轻柔的、袖子短小或无袖的衣服总是找不见。因为它们很容易被前后的衣服给夹在中间，快速翻动的时候会被忽略；或者因为把其他衣服挂进去时，衣架穿过了它，不小心被捅掉卡到后面的衣服里了。

所以，衣服的悬挂也是有讲究的。

悬挂方向要统一

我们挂衣服的时候一定要统一衣服的悬挂方向，这个方向由自己的习惯决定。请站立于衣柜前方，然后打开衣柜后同时观察一下自己是习惯头往左侧并左手看衣服，还是向右转头并用右手翻动衣物，这个动作决定衣服的

最终朝向。

并且每个柜子因为打开方式不同，即便在同一个房间，我们面对每个柜子时的翻看习惯也不尽相同，所以在挂衣服前，请逐一进行模拟取衣体验。

由于悬挂长裙和长裤时，需要将纽扣朝中间对折后再穿过衣架中间的杠杆去悬挂，因此，裤子的朝向应为裤缝朝外，这样就可以保持悬挂出来的裤子都在一条漂亮的水平线上。

带纽扣和拉链的衣服应先扣合再悬挂

当衣服处于开放状态时，很容易被其他衣服碰落。为了避免这样的意外，建议带拉链的衣服把拉链拉上后再悬挂，带扣子的衣服，则提前把第1、3、5颗纽扣都扣好。

扣第1颗是为了保护领型不变，扣第3颗是因为卡中间，扣上它也就避免了被其他衣服穿透的问题，而扣第5颗则是为了美观。当把带纽扣和带拉链的衣服扣好后，悬挂起来它们才不会散开。

衣服间应保持适当的通风距离

当衣服过度挤压时，会因为缺少空气流动而变色，白色的衣服会因此变黄，皮质衣服也会和其他衣服产生化学反应而出油或开裂。

最理想的悬挂条件是，一米空间悬挂33件衣物，即每件衣服之间大概能够有3厘米的呼吸距离。如图所示（仅为示意），衣服间会有足够的流通空间，更容易拿取的同时也能保证衣服被展示清晰。

当然，这个很难做到，所以我们可以按照材质和颜色将相近的衣服放在一起，悬挂数量可以因此增加一些，但是1米空间最好也不要超过45件。衣服过多，衣杆会因为受力过大而下垂或松动。

如果衣服数量确实很庞大，就应该考虑折叠收纳法，将材质抗皱、剪裁对称以及不易变形的衣服从悬挂区拿出折叠收纳。

衣服折叠收纳的正确方式

时尚博主的衣柜总是让人羡慕，一整面墙的衣柜，挂满了漂亮和华丽的衬衣、小西装和小礼服等。可是看看自己家老套的层板式衣柜，衣服一件一件折起来，从层板底一直折到顶上，每一个层格都至少能放上20~30件衣服。

设计这个柜子时，感觉挺能装的，可是放完后，绝对不能往外拿衣服，一拿就塌，一抽一个准。

其实折叠收纳并非不好，只要在收纳的时候注意以下几点，比挂着还方便。

衣服材质要有区分

不是所有衣服都适合挂，厚重的、开肩的衣服、T恤和运动类衣服挂起来不合适也很浪费衣架，而除了丝质的、皮质的、不抗皱的、剪裁不对称的、领口胸口有大面积特殊装饰的少数衣服不能折，折叠几乎是万用的。

衣服要自主站立而避免累加叠放

平叠是传统的衣服收纳法，因为过去物资匮乏，衣服数量不大，每个人都只有简单的2~3套衣服换洗，所以它们堆叠起来，怎样拿取都不受影响。

但是它却不适用于现在这个人人都有一大柜子衣服可以穿的时代。生活在这个时代的我们，建议衣

服收纳换成不会受到旁边衣服的流动而塌陷或变形的打包法、站立法和卷折法。

当衣服颜色都很鲜明时，用打包法；当衣服同色的较多时，用能展露衣服特殊设计的站立法；管理特别厚重的衣服或立领衣服时，可以使用打包法（下一章就可以学习全方位的衣服折叠技巧）。

我们的最终目的就是将衣服变成可以通过自己的支撑力而独立站立的长方形个体。无论四周环境怎么变化，它都能保持着自己被折好时的形态，不塌不乱。

衣服的排列要会变形

折成长方体的衣服，它将拥有多个立面，所以我们要利用它们的长宽高等特性去配合衣柜变形，从而达到最高效的空间利用。

在层格留空较高的层板空间，我们可以将叠好的衣服以从左往右的方式排成 2 个队列，前面用宽边做高，而后面那排用长边做高。这样既不会互相遮挡，还能收纳更多的衣服。

收纳到抽屉中时，浅抽屉用宽边做高，深抽屉是长边做高。至于是从前往后排还是从左往右排，则是根据抽屉的内径长决定的。

统一角度满足视觉齐整

因为折叠衣服无论是采用打包法、站立法还是卷折法，它们都有同样的包口和领口收尾，因此我们在放置衣服的时候，一定要注意收口要统一一个方向摆放。例如，用打包法整理的衣物放入衣柜时，要统一将包口朝下，再整体面向视线看不到的另一面排列和摆放。这样收纳不仅取用方便，视觉上也会很整齐和清爽。

三件衣柜收纳必备工具

　　作为专业的整理师，就像是古时候的江湖侠客出门需要有拿得出手的武器，整理师也有自己的傍身武器。衣柜整理，我们最喜欢用的工具有三件：植绒衣架、牛津布收纳箱和 PP 收纳盒。

植绒衣架

　　植绒衣架相较木质衣架或塑料衣架，它更薄，可以悬挂更多衣服。另外，植绒衣架因为有绒，可以防止衣服下滑，能更好地稳固挂上的衣服。

牛津布收纳箱

　　它是很好的床品和过季衣服的收纳工具，它有两个开口，也有多个可视窗。可以从上开口往下放，然后从中间的开口拿出，所以它是唯一我们推荐可以平叠放入物品的收纳工具。

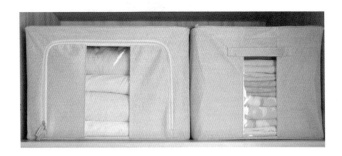

PP收纳盒

　　相对层板叠放区，我们更喜欢把折叠的衣服放入抽屉区。但当没有足够的抽屉空间时，可以通过增加可叠加PP收纳盒的方式来改造衣柜的收纳空间。

小　贴　士

内衣一般是不挂的，所以内衣的收纳也要遵循以上原则。同时还请记住，胸衣在排列前，请一定要将背扣扣好，背带放入罩杯中。这样可以同时避免抽取时小钩划伤其他内衣表面材质，以及排列时扭曲变形影响视觉效果。

第五章　　时下最流行的折衣术

衣柜塞得满当当，一拿就倒？衣服都搅和在一起理不清楚？或者看起来很整齐，却怎么也找不到想穿的那件？避免找衣服的小尴尬，只需要改变折叠摆放衣服的方法。平叠已经过时了，把衣服竖起来，学一学新款好用的衣物折叠法吧。

适合现代生活的主要折叠方法有三种：打包法、站立法和卷折法。这些方法不仅适用于衣服，还适用于各类需要折叠后收纳管理的物品。三种方法没有绝对固定的使用要求，可以根据实际情况来选择。

扫码看视频，
免费学习4堂
整理收纳课

打包法

如 T 恤、棉质休闲衫这类衣服最适合打包法。

步骤一：将衣服正面朝下、背面朝上铺平。

步骤二：用手熨烫，轻轻压平每一处。

步骤三：压平之后找到肩线三折，三折的宽度是以准备放入的抽屉
为基准，例如，要在抽屉宽度里放两件衣服，那抽屉宽度
的一半就是折叠的宽度。

步骤四：折完两边肩线后就可以做包包了，在 T 恤尾部折一个包，
包包的大小根据将要放入的抽屉的高度决定。

步骤五：有了包包后把衣物其他部分折叠塞入这个包包就可以了。
这样衣服就可以通过打包的方式独立站立起来了。

站立法

当同色的衣服比较多的时候，打包法就不太适用了，因为打包后衣物看起来都一样，很难分辨，所以我们需要通过衣服的特殊标识，如胸前的绣花或印花等来区分。那么这个时候我们就可以采用另外一种方法——站立法。

站立法的前三个步骤与打包法相同，直到折完肩线三折后第四步开始不同：

步骤四：找到衣服有特殊标记的地方，如领口或胸前绣花，把标记处放在折叠后的中心点。

步骤五：再根据需要的大小折叠，使衣服在站立时其标记显露出来。

卷折法

还有一些衣物如厚重的毛衣，不能打包，会撑松衣物，也很难站立，因为太过柔软，这个时候就适合另一种折叠方法——卷折法。

卷折法的前两个步骤与打包法和站立法也是相同的。从折叠肩线后开始不同：

步骤三：折叠肩线后，将袖子做反向折叠。

步骤四：用卷动的方式完成衣服的收纳。

卷折法不仅适用于毛衣这种比较松散的衣物，在行李收纳中也用得很多。

折叠法在生活中的 21 种应用

在学习了打包法、站立法、卷折法这三种常用折叠法之后，再来看一下怎么把这三种折法用到生活中的各种衣物上。看看哪些衣物适合打包，哪些适合站立，哪些又必须要卷。

毛衣——打包法

打包法同样适用于薄款毛衣。找到肩线后请向内折叠，然后再在尾部弯一个包，将上部收入其中，这样毛衣就能像 T 恤一样，用站立的方式放入抽屉或衣柜层板空间里。

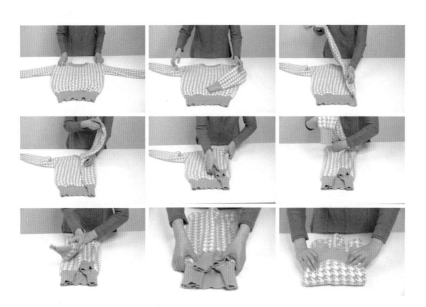

毛衣——卷折法

对于冬天的粗线毛衣，或是特别蓬松款式的毛衣，它们特殊的造型和材质，即便打好包也没办法长期定型，塞入包中的部分会因为过度膨胀而从口袋里滑出，所以卷折法更适用于厚重和蓬松款式的衣物。

牛仔裤——打包法

裤子打包和我们举例的 T 恤打包法原理是一样的，需要根据准备放入的柜体的高度和宽度来决定裤子折叠的高度和宽度。

要注意的是，打包裤子的时候要将扣子朝内折叠。臀部位置突出部分用内推的方式收起。无论是折叠衣服还是裤子，折叠动作前用手捋平压实，能让最后折叠出来的衣服更紧实好看，不松散也更省空间。

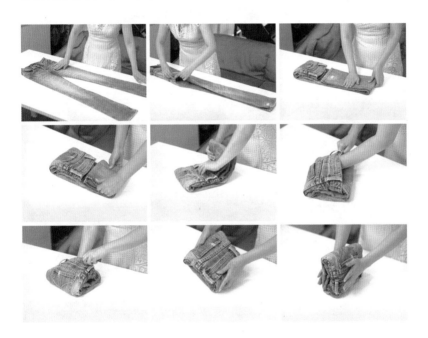

拉链开衫——打包法

首先得把拉链整个拉起来。折叠前拉链方向朝上铺平，和一般折叠衣服的方向是不同的，因为我们要在找肩线做三折的时候把拉链包在中间，这样可以保证衣服放入柜体时，拉链不会碰伤勾坏其他衣物。把拉链包好之后再用打包法或者站立法折叠。

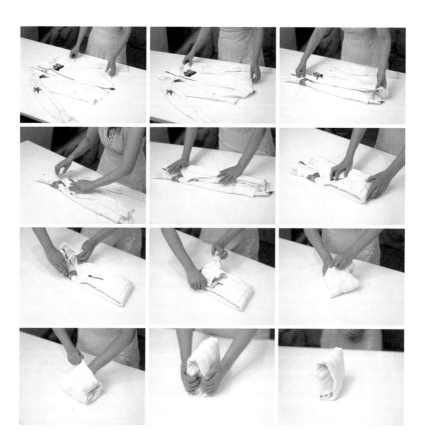

带扣开衫——打包法

　　带扣开衫和拉链开衫类似，把衣服有扣子的一面朝上摊平，折叠之前先把扣子扣上，可以选择全扣，或者仅扣衣服的第1颗、第3颗及第5颗扣子，这是为了在折叠时衣服不会松散开，让折叠更顺畅，也为了折叠出来的衣服更有型。

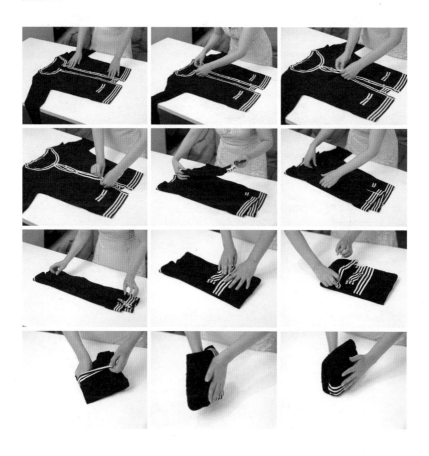

带扣开衫——站立法

扣好扣子后，从打包法的第二步开始折叠。站立法也同样适用带扣开衫。

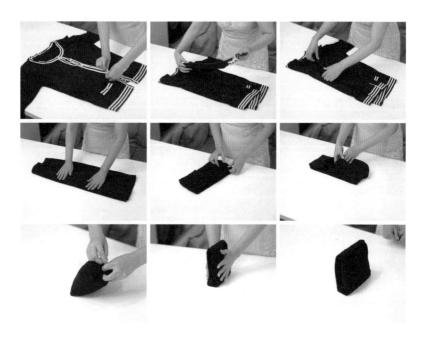

短裤——站立法

短裤和长裤不同，简单地三折再对折站立就可以了，打包法不太实用，因为短裤相对于长裤来说长度不够，没法完成塞的动作，所以站立法更合适。放置在柜体中建议多条短裤排列在一起，利用衣物的相互倚靠支撑收纳，也就不容易松散了。

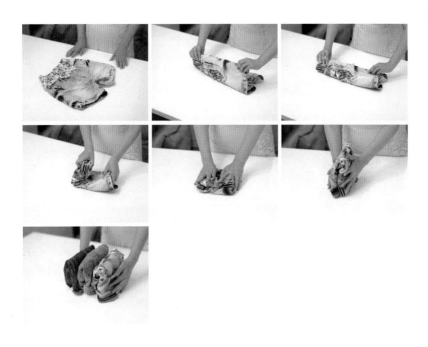

棉质内裤——内包法

内包法就是向内收起的打包法，尤其适合棉质内裤。

首先将内裤的底朝下，穿着的正面朝上铺平。两边折起后三折，将底部塞入腰部处折叠出的小包包就可以了。

内包法收进柜体时需要倒过来放，能看到内裤整齐的边沿，使视觉上统一美观。

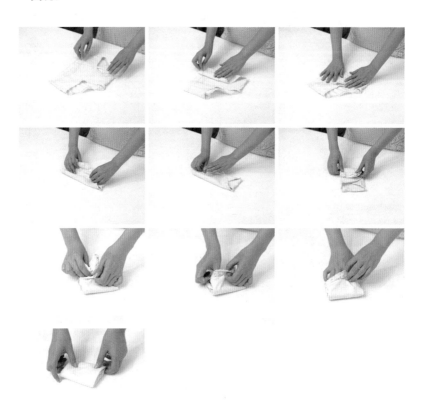

蕾丝内裤——外包法

外包法就是反向折叠的打包法，适合蕾丝的、有装饰的内裤。

与内包法方向相反，穿着的正面朝下，背面朝上摊平，之后也是同样的两边折起后三折，将底部塞入腰部处折叠出的小包包即可。

这样折叠的好处在于我们可以把装饰面像进行漂亮的展示一样陈列收纳，所以外包法在收纳时适合正着放，可以看到内裤漂亮的蝴蝶结或装饰花。

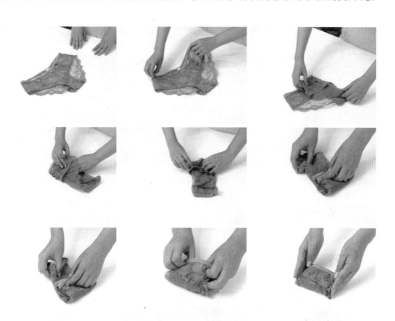

文胸内衣——站立法

　　文胸内衣的收纳很重要，千万不要把文胸内衣对折或随意挤压而堆积在抽屉里面。那样不仅会压坏内衣的海绵件，造成不可逆转的伤害，穿着变形的文胸内衣还会压迫身形，不利于身体健康。

　　收纳文胸内衣时，我们首先要将背扣扣好，然后按照罩杯的质地，厚的摆在后面，薄的、软的摆在前面，逐一排列，因为厚的内衣可以有力度支撑。别忘记将肩带收进内衣里，这样才算完成了文胸内衣的收纳。

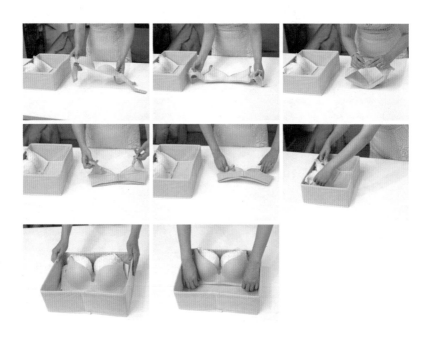

短袜——打包法

　　传统的袜子收纳时团成一个球状，长时间很容易造成袜口的皮筋变松，现在我们有了更好看而不破坏袜口松紧的折叠法。

　　袜子建议用打包法来收纳，长袜短袜都可以，短袜尤其非常实用。短袜的折叠和传统的方式完全不同，首先需要按照穿着的习惯牵开，牵开之后要压平，袜跟一个朝上、一个朝下后对叠，这样避免了同时朝上或朝下造成的叠层太厚。之后在袜口折叠出包包，把袜子脚趾部分塞进去。

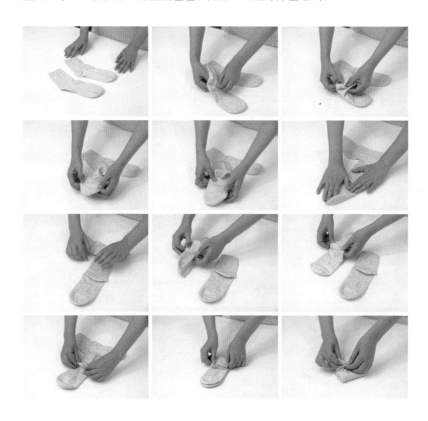

船袜——打包法

船袜和短袜的折叠方式类似。按照穿着的习惯牵开，脚跟一个朝上一个朝下压平，然后将一个袜跟塞入另一个袜跟里面，以此做包，然后将袜尖也就是脚趾穿着处裹进去。

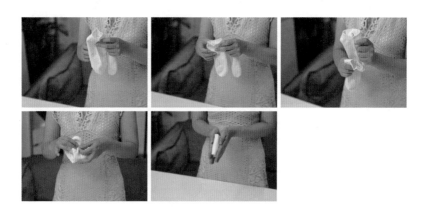

连帽衫——打包法

连帽衫的折叠方式类似于拉链衫和带扣开衫，我们需要把帽子包到衣服中间去，其他步骤就和打包法一样，这样帽衫折叠出来也和其他衣服一样是统一规格样式的，摆放整齐好看。

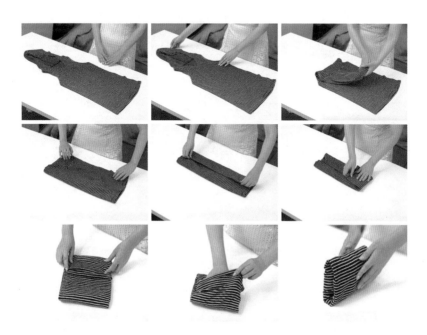

羽绒服——打包法

网络上，羽绒服的打包法很受欢迎。这类型的打包法相对于普通的 T 恤或上装，有三个变化方向：一是不做肩线的收拢，只将袖子向内折叠；二是打包从衣服的中间开始而不是 1/3 或衣尾处；三是打包不是将衣服向内塞，而是用将内衬向外翻转的方式进行。

短款羽绒服

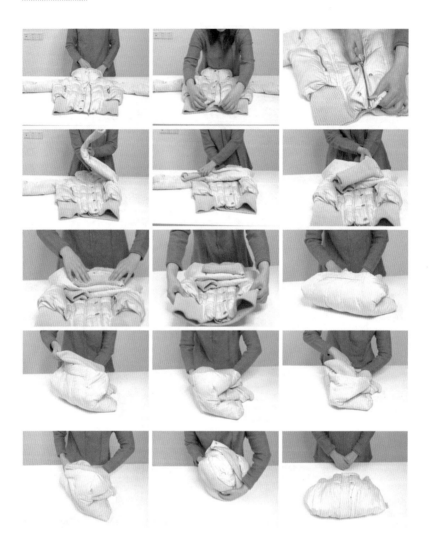

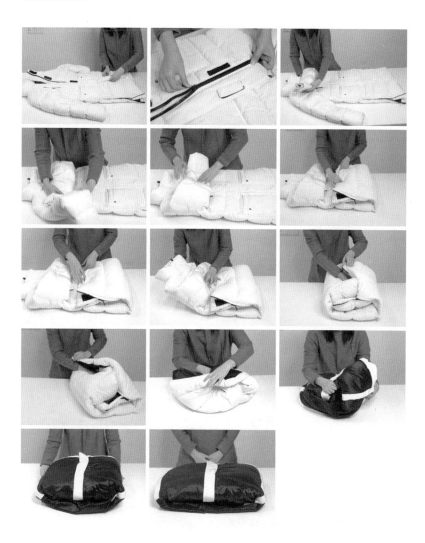

羽绒服——平叠法

虽然羽绒服可以用打包的方式收纳，但我们并不首推这样的收纳方法。

羽绒服的保暖作用是通过绒毛间的空隙形成蓬松的空气壁垒，用压力对抗的方式隔绝冷空气的。羽绒在蓬松状态下，绒毛间会自然形成一个空气层，我们穿着羽绒服时，体温会加热这个空气层来抵御外面的冷气。

基于上述原理，我们并不建议过多地压挤羽绒服，过度的打包或用真空压缩的方式收纳羽绒服，都会造成羽绒间空气的流失，从而使羽绒服变得不再保暖，所以，相对打包法，简单的平叠法更适合。

折叠方法：将两只袖子向中间对折，然后再根据衣服是短款还是长款选择对折或三折即可。

折好的羽绒服可以直接平叠放入柜子最上层，也可以用牛津布收纳箱做从上往下平叠的固位收纳。取用的时候只要打开前面的窗口，选好颜色，平直取出即可。

短款羽绒服

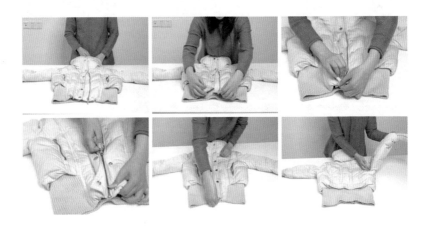

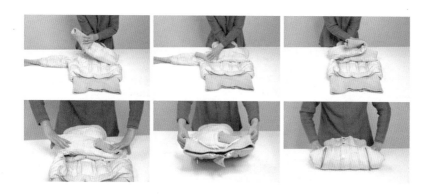

长款羽绒服

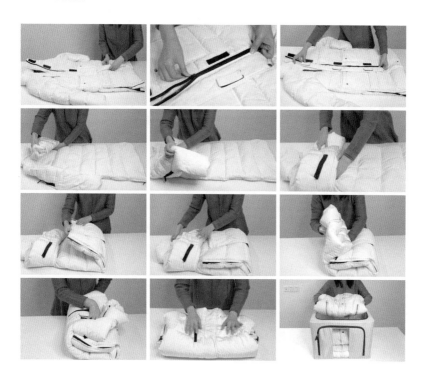

POLO衫——卷折法

　　带领子的衣服如POLO衫很适合用卷折法。卷之前别忘记先扣好领口的扣子，扣好扣子后将衣服翻过来，按卷折法先折肩线再打卷就可以了。用卷折法处理这类衣服，对领型也能起到很好的保护作用。

床品——打包法

床单、被套、枕套都可以用打包法来管理。但是要根据更换的习惯，习惯整套更换的，可以成套打成一个包，将被套、床单铺平三折后，再铺上枕头套打成一个包，这样使用时也是成套拿取。如果习惯灵活更换，那就需要单独打包，逐一罗列收纳。

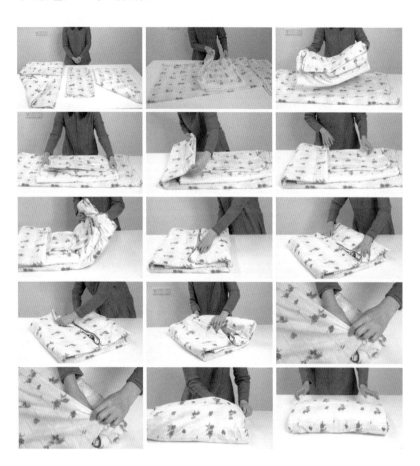

防尘袋——打包法

不仅是衣服，生活中的其他物件也可以被折叠收纳起来，如防尘袋，虽然它没有衣服的肩线，但在折叠的时候也可以进行三等分，做好这一步后就和折衣服一样了，折出口袋，再将剩余部分塞入口袋即可。

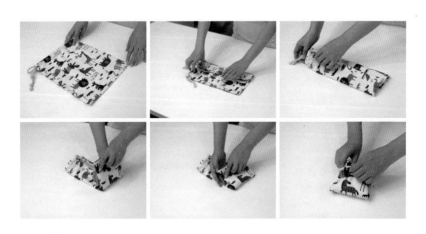

塑料袋——打包法

很多人家里有不少来自超市商店的塑料购物袋，都是团成团塞满了橱柜或抽屉，用打包法折叠起来管理，好看、好拿又省空间。

摊开压平，原本一个团的塑料袋变成了薄薄的一片，提手处因为使用时受力，特别容易皱，更要将平压平，有了这个步骤，才能保证折叠完成时是被压缩到最紧实的状态。压平后再进行三等分折叠，用塑料袋底做包包，将提手及其他部分平折后塞入。

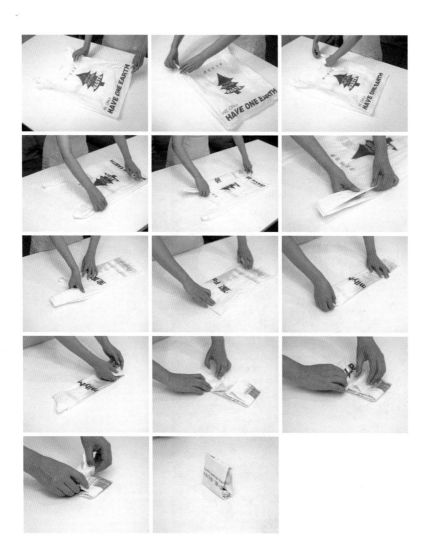

领带——打卷法

　　领带收纳类似卷折法，领带如有褶皱建议熨烫后收纳，从头卷到尾，不要折，以免产生折痕，同时需要分隔盒配合收纳。

皮带——打卷法

皮带收纳类似卷折法，但是只卷不压，从皮带尾端开始卷，最终皮带扣朝上以利于区分，收纳时最好配合分隔盒以固定。

第六章 整出高颜值卫生间的收纳法

卫生间收纳也是一个令人头疼的问题，它的收纳跟它的特性有关。卫生间潮湿，很多害怕潮湿的物品都不能放进去。卷纸、卫生纸、粉状类化妆品，可以部分储存在卫生间，但绝对不能把卫生间作为一个长期储存地，卫生间储物要先对物品进行筛检。

台面的收纳

洗完脸立马敷水、搽精华，趁着脸上的滋润，赶紧进行护肤是每个女孩儿的生活法则，有这样的需求，大家自然会把洗漱台当作存放洗漱和护理品的首选区域。

但事实上，洗漱台是否被预设为储物区，在我们装修的时候就已经决定了。

首先，洗漱台分为有储物功能的台面和纯洗漱功能的台面。边缘较宽，有平台的台面可以用来放置物品，而台面边缘较窄，只有台盆的支撑作用，没有储物功能。

一般来讲，台盆的选择和卫生间的空间面积有关，空间越小，洗漱台面也就选得越小，但这也成为一个悖论，空间如此有限，台面却不能储物，那卫生间的物品怎么管理呢？难道只能把东西放在卫生间外面吗？

其实，打造好用的卫生间，我们得遵循这样一个规则：台面只做必要陈列。

卫生间即便是大台面，有可储物的大理石置物台，也并非啥都能放。卫生间的台面在任何时候都只能做陈列储物，即高频率使用物品的摆放。

洗漱中会有水不停溅洒到台面上，所以如果台面上堆满了物品，它们就有被水浸泡和受潮的风险。因此，这里的物品越精简越好。例如，只放置每天都会使用到的面霜、水乳和洗漱品。其他非每日必用品，建议找其他区域放置。

台面上方，既然是陈列储物，建议在选择收纳产品的时候花点心思，配上漂亮的托盘，然后把护肤品一件一件地放上去。想象一下，每天走进卫生间，看到一个漂亮的台面，心情也会变好；带着开心的心情去护理皮肤，也会更加认真，慢慢地皮肤才会得到改善，人就会越来越漂亮了。

洗漱台上安装镜子看似常规操作，但其实却大有玄机。大台面的洗漱台，确实镜子就是镜子，因为它配套的是宽大的洗漱台面，护肤品、清洁用品都可以被陈列在台面上。可是比较紧凑的卫生间台面的考虑会以"省空间"为主，所以为了满足收纳需求，这类卫生间的墙面镜子又会被安排上收纳的功能，于是镜前柜也成为另一种比较受欢迎的卫生间洗漱镜。

但是镜柜里面的收纳空间一般都比较浅，而且取物需要开合镜门，有些麻烦，安装后要么不被使用，要么被随意塞上杂物。所以我们要做好卫生间的管理，一定要把细节做到位。

大台面的陈列和收纳

大台面卫生间即洗漱台有足够台面空间，我们可以利用这个宽面，选取合适的角落将洗漱品陈列摆放。

为了避免受到溅洒出来的水污染洗漱品、让清洁和打扫更容易，建议在台面上增添收纳固位工具后再将物品按照前低后高，不遮挡好拿取的方式陈列摆放出来。

小台面的陈列和收纳

小台面即窄条形的台面，台面大部分空间都留给了台盆，只剩窄短的距离用于与墙面的衔接。这样的台面其实是不适合用来放大量洗漱品的，仅放置洗手液或肥皂盒一两件必需品就好。

关于小台面的陈列和收纳，建议利用墙面储物来完成。例如，在墙上架一个层板收纳架，然后用一字排开的方式把洗漱品和护理品排开放在台面上。

但是这样的收纳方式能够容纳的物件有限，如果常用的洗漱和护理品较多，建议增加镜前柜来收纳。

镜前柜通常柜体内层较浅，收纳时也应按照一字排开的方法将洗漱品和护理品排入柜子中。但是要注意，镜前柜有多个层格，拿取物品的时候手臂的抬起高度会有不同，建议用抬起手臂的轻松程度来决定放置的物品。使用频率低的放在更高的位置，使用频率高的放在下面，从下到上，物品的使用频率逐次递减。

即使这么小的空间，瓶瓶罐罐也要一瓶一瓶展开摆放，如果图一时的空间最大化——把物品前后交错摆放，看似空出一丝空间，但给拿取增加了困难，其实减少了实用性。拿里面的物件一不小心就会把外面的那件碰掉，不仅影响心情，还有可能因为嫌弃而弃用这个柜子。

类似于眉笔、梳子、饰品一类的小物件，尺寸较小，如果还是用一字排开的方式来整理，确实会有空间浪费。小零碎物品我们就尽量立起来放，同时给它们增加一个辅助站立的固位工具，如小盒子等，这样就能把一个平层区分割出多个竖立收纳区，同时因为有了盒子，拿东西的时候可以把盒子整体拿出来，不会存在前物遮挡后物或拿取后物把前物碰倒的问题。

卫生间储物柜的收纳建议

利用好台面下的水槽柜

除了台面，卫生间其他空间也有可以很好利用的储物空间，例如，台面下方通常是水槽柜，水槽柜的收纳首先别忘了注意防水，其次可以根据储物空间的特性来制订收纳方案，如果是比较大的储物柜，可以加入固位工具分割成豆腐块状，这样每类周期性的护理产品都有独立的储物格。

开发有效储物区

台面不能储物是小户型和小台面卫生间的常态，但是大台面储物也有限，所以，无论大小台面，开发储物空间都是卫生间管理的必要工作。

台上储物区可以从两个方向去开发，一个是添加置物柜，另一个就是增加储物隔板。但是它们能起到的作用和大台盆差不多，不要太过于依赖它们的储物能力，能放置的物品只能是最低限度的每天的必需品。

其他一些杂物，如定期使用的面膜、去角质产品以及储备的卫生卷纸、牙膏牙刷等，都需要利用台盆下方的封闭式储物柜来完成。

储物柜宽度有限时也别忘了利用辅助工具，将盈余的高度空间充分开发和利用起来。

选择合适的空间扩容工具

如果装修时为了美观没有将台盆下方区域封闭起来，那么可以额外添置一些叠层抽屉来获取空间。

在这里，不建议用开放式的收纳篮，因为它没有办法有效隔绝潮气，会加速易受潮物品的腐坏。

尤其是当家里人口多，比如是三代同堂或者有多个朋友合租时，通常卫生间是共享空间，那就不能再以私人空间去考虑。这时候并不建议把私人物品放在卫生间，作为公共区域时，要考虑公用品的存放。另外，这样的生活结构，空间共享也要考虑更多。

此时如果卫生间面积不大，格局紧张，进门半步就能全部走完，除了上厕所、淋浴和洗漱，感觉再也没有空间干别的了。可是，家里的抹布、拖把、水桶、洗衣盆也是要找地方放的，塞哪儿都不合适。

多人口家庭的小面积卫生间如果要兼容储物功能，除了要合理利用原本在硬装时设计好的储物功能柜，还需要一些辅助工具来开发额外的收纳空间。变不可能为可能，生活才会让人格外期待。

推荐以下一些令人惊喜的方法，即便是小空间也能拥有大容量。卫生间储物，千万不要被它自带的储物柜所迷惑，只要善于开发，你就能拥有一个储物量超强的超级卫生间。

善用墙面空间

当我们的地面空间已经抽不出多余的位置来储放杂物时，我们就要去开发非常规空间来满足储物需求。所以，"上墙"就是一个很棒的空间开发。

　　现在可以上墙的收纳工具不少，尤其是浴室和卫生间可以用到的工具更是丰富：肥皂盒、牙刷架、毛巾架、抽纸盒等小型储物需求都能在墙上解决。

　　冬天洗澡最害怕的就是脚底直接接触浴室地面，那种冰凉刺骨的感觉让洗澡的乐趣瞬间打消。如果把拖鞋摆在浴室门口又会显得杂乱，而且湿漉漉的鞋也容易把灰尘粘在鞋底再带到瓷砖地面上，脏兮兮的让人难受。而把拖鞋上墙挂起来，不仅可以把地面空间空出来，还有助于沥干水分。

即便不买这些看似花哨的收纳工具，那么简单的挂钩也能满足卫生间的收纳要求。

一旦墙上贴上挂钩，抹布、拖把、水桶这些清洁工具就不再是恼人的问题。

收纳拖把和扫帚等工具，建议用带环状钩柄的挂钩，这样我们就可以直接把它们的杆子锁挂在钩子上，如果没有这样的挂钩，用普通挂钩也可以，在拖把和扫帚的顶部绑上一根挂绳再挂在钩子上即可。

变有形为可变形

　　像是形状固定又特别占用空间的物件，如水桶、洗衣盆以及孩子的浴盆，可以考虑替换成可折叠式的，使用时一推就能展开，而收纳时，一压就变成扁扁一片。

　　用折叠工具取代固定形状的洗漱工具，需要被占用的收纳空间就缩小到原来的1/3，放在任何角落都不碍事。一个挂钩就能上墙，毫无压力。

改变物品的摆放方式

　　"以竖代横"是特别省空间的物品摆放法则。那么在卫生间收纳中，尤其是紧凑型卫生间，更要利用这个置物办法。类似于盆子这类叠放碍事、单独放又很占空间的物品，完全可以找一个支撑工具，然后把它直立起来管理。

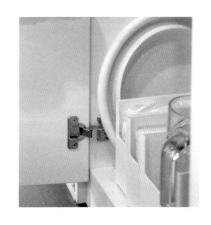

类似于卫生巾、面膜、抽纸等所有需要在卫生间里储存的物品，也建议拆包后竖立陈列起来，这样比原包装往柜子里放更有利于空间的利用。

我们可以用与拆包后的卫生巾、面膜等尺寸相当的收纳工具，再利用这些收纳工具的支撑力和可叠加性，将空间分配得更有效，这样也可避免因为物品与收纳空间的不匹配造成的空间浪费。

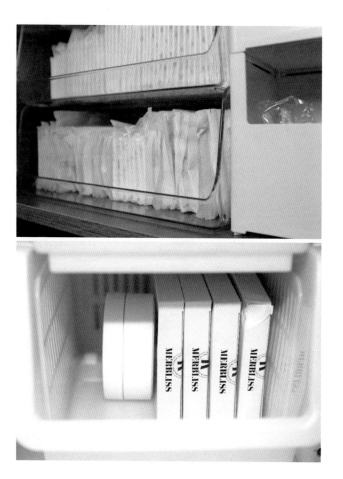

分割利用现有空间

像水槽下方的空间，除了水管区域，其他位置都应该高效利用起来，尤其是水槽下柜，从底板到台面下方这一大块盈余空间，用上后能解决很大一部分储物困扰。

分层篮、抽屉、U型架，任意一种模式都行，只要能把空余空间都利用上，就能缓解小空间的收纳焦虑。

分层架可以将一个只能平铺收纳的空间变得立体，改一层为多层，同时配上可以继续对空间做分割的收纳篮，这个平层空间就能变身为容纳多类型物品的综合收纳空间。

叠层篮可以根据空间的高度自由选择叠加一层还是多层。叠层篮的篮筐偏宽偏短，且开口方向为前开口，取物时不用拖拉，直接可以从里面取出物品，对于尺寸、形状偏大的物件很合适。

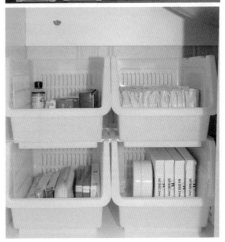

如果被储存的是需要防潮收纳的物品，如新购入的化妆品、纸巾类，PP抽屉盒会更适合用来做收纳固位工具，有封口的比开口的篮子类会有更好的防潮性。

第七章　　　　　　　　　儿童房整理要点

我们在做整理期间常常会听到妈妈们抱怨说，带孩子很辛苦，有很多琐碎的事，给孩子搭衣服、穿衣服、收玩具、收书，脚跟贴脚背地追着给他们收拾房间，结果还是比不过他们捣乱的速度。

这主要是因为妈妈的参与感太强而孩子的参与感太弱造成的。其实我们在收纳中有一个很重要的原则——使用人原则。这个房间主要由谁来使用，就要把物品的放置按照这个人的便利原则来摆放。孩子逐渐长大，我们也要随着他们的改变来改变和他们相处的模式，包括变换他们房间里物品摆放的位置。

因此，儿童房的收纳需要比其他区域做出更高频率的更替。那如何变化又如何更替，本篇将为您揭秘。

22

不同年龄孩童的物品收纳要点

　　儿童房整理有三个重要时期，错过了会影响孩子的一生，抓住时间点是关键。

阶段1（3岁前）

　　3岁前大部分孩子都是处于需要被成年人照顾的阶段，他们的自理能力相对较弱，穿衣、吃饭都需要得到一定的辅助，所以这个时期，儿童房大部分物品的管理人都是照顾孩子的这位成年人，如妈妈、祖母或阿姨（育儿嫂）。

　　房间里的主要物品，从衣服、药品、日常生活用品甚至到玩具都可以按照这位成年人在拿取时的便利程度来决定是放在柜子的上部、中部还是底部。

　　后面会以一个2岁幼童的房间为例做一个物品的存放位置分区解释，案例中照顾这个孩子的人是育儿嫂，因此，房间的物品摆放位置也由育儿嫂的身高决定。

阶段2（3~6岁）

　　这个阶段孩子进入快速成长期，他的自我意识也开始觉醒，希望自己能够像成年人一样处理更多的生活琐事，所以他们会有意识地参照大人的模样去刷牙洗脸、收纳衣服、整理玩具。

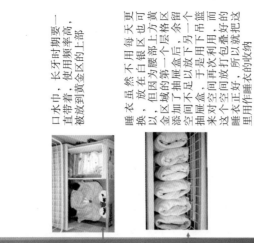

口水巾、长牙时期要一直带着，使用频率较高，被放到黄金区的上部

睡衣虽然不用每天更换，也可以放在白银区，但因为腰部上方黄金区域的第一个抽屉盒后，添加了抽屉盒，空间不足以放下另一个吊篮抽屉盒，于是把空间再次利用，而来对空间打包叠好的睡衣正好，所以就把这里用作睡衣的收纳

幼儿身体的控制力较差，无论是吃饭还是玩耍都很容易将衣服弄脏，更换衣服的频率很高，每天要更替1~2次都属于正常情况，把衣服放在黄金区域，对于育儿嫂来说会更加方便，照顾孩子的效率也更高

一个2岁幼童房间的物品分区存放图

袜子每天会更换一次，于是把它们整齐排放到育儿嫂能轻抬一点手就能拿到的黄金区域

1岁半前，每天替换尿不湿的频次为6~8次，频率较高，于是把它的位置设定到这个区域，拿得到这个区域，这也有助于提升生活效率

护肤品、梳子、修甲工具也属于高频率使用的物品，因此也放在育儿嫂用起来很方便的黄金区域，高度在衣柜腰部的第一层抽屉

替换用的被套，使用频率较低，一周才换一次，因此放到了育儿嫂需要蹲下来的白银区域

衣柜原衣杆到地面的距离是180厘米，而4岁小朋友上衣的平均长度只有50厘米左右，于是我们给衣柜增加伸缩杆，将原来只有1层的悬挂区变成了3层

小朋友的身高为110厘米，增加了伸缩杆后的衣柜，底下两杆的位置，孩子也都能自己取到，作为房间的主人，这样的安排符合由他自己管理的条件。也激励了他自己的事自己做，主动给自己的房间做整理的积极性

一个4岁孩子衣柜的物品分区存放图

衣柜顶上，房间主人没办法徒手拿到的地方，不仅是衣柜的木头区域，也是所有家庭成员的木头区域，于是这里暂时被征用来放置包括小朋友在内的所有家庭成员的过季衣物、围巾和手套。iPad，电视遥控器等，也可以放到这里来

袜子每天都要替换，放在小朋友打开抽屉后还能看得到的位置，放好后，无论是自己主动拿取或放回都能够得到

小朋友4岁了，可以自主穿内裤，于是把内裤也放到了他很容易拿到的柜子最下层层板空间的位置，用PP抽屉盒对这个空间做分区后，再把它放到其中一个盒子里

无论这个时期他们的动作有多笨拙，都应该给他们机会去实践，多鼓励他们，这样也是为了在往后的生活中能够释放出更多的私人时间。

3~6岁时期，孩子逐渐成为这个房间的主人，作为家长，可以将物品的收纳规则，慢慢过渡到孩子使用起来时最便利的状态。

例如，把挂衣服的杆子从最上面成年人拿着很方便的位置挪到孩子不用踮脚就可以挂到的高度，玩具也放到他们可以自己拿到并放回去的位置……逐步鼓励他们去做力所能及的事，当妈妈的就能慢慢解脱双手。

但是要注意，这个时期的孩子自律程度还达不到成人标准，而且安全意识也不高，所以药品、电子游戏产品等，还是应该交由照顾他们的家长或阿姨来管理。

本节以一个4岁孩子的衣柜为例做了解析。

阶段3（6岁以上）

从这个时期开始，儿童房就正式成为孩子的独立空间，此时，房间里所有的物品都应该变成由孩子来掌控，管理规则也应该尊重他们的决定。建议家长全权放手，给他们充分的信任。

不仅如此，如果之前因为家里空间有限，硬塞入孩子房里的那些杂物、被褥等，都应该挪出去，或至少得到孩子应允后才能继续留存。

做母亲的千万不要什么都包办，给予孩子信任，他们所展现出来的成长成果会给您带来很多惊喜。建立信任的第一步就是尊重孩子成长的每一个阶段，从儿童房的管理规则开始，让独立和成长成就更好的孩子，也成就更轻松的自己。

这个阶段的整理规则与成年人的规则一样，故此处不展示参考图。

23

玩具的意义和管理

　　有一些妈妈客户，对给孩子买玩具这件事感到非常头疼。不敢买电子玩具，怕孩子有了科技玩具就忘记了传统的简单和快乐，所以看到益智玩具就往家里搬。也有些妈妈担心孩子每天玩重复的玩具会腻烦，每周都会更新孩子的玩具。还有的妈妈只给孩子买进口玩具，小摊上的塑料制品是绝对禁止孩子触碰的。

　　这类妈妈们都太紧张了，孩子的快乐真的很简单，他们从来不会因为玩具贵还是便宜、是量多还是量少来感知幸福。比起玩玩具的快乐，让孩子拥有一个健康的物欲观，更能让他们终身受益。

玩具管理原则

限定一个数量

　　我们给孩子买玩具，不能无限制地去买，我们可以观察，他每天玩耍的固定玩具有多少件，然后在这个基础上给一个上浮空间（如20%~30%）作为玩具的总量，这样他既能每天换着花样玩，也不会担心会腻味。

定期做清理

　　孩子每个时期所需要的知识刺激是不同的，而玩具本身也是一种知识刺激的辅助工具，所以我们也要定期更替，尤其是益智类的，更需要随着它们的成长去更新。但是有进就一定要有出，只有进出平衡才能保持空间的整洁和有序。

我们买玩具时，也要培养孩子主动去了解这个更替机制，懂得拥有也要学会放弃、学会告别，这样他也会更珍惜每一次的相处。

珍惜资源

其实玩具不一定要买贵的，也不一定都要新的。俗话说得好，钱是自己的，但是资源是社会的。所以，去二手资源群获得新玩具，或用自己的旧玩具去置换，也是一种获得新玩具的办法。

而且通过置换获得，也满足了我们不增加收纳压力的前置条件，同时还能让孩子持续拥有新鲜感，比用金钱去购买新玩具、昂贵玩具所带来的快乐更为长久。

收纳整理不仅仅是对空间的一种改变，它其实也是一种生活方式和如何看待自己和教育孩子的一种责任和智慧。

鼓励孩子自己整理

我们应该尊重孩子对于秩序的理解，3岁左右的孩子，我们不能要求太高，只要他们能分清大玩具（车、固定玩具）和普通小型玩具（玩偶、小模型车等），并懂得玩具的玩耍规则（球类是运动玩具、绒毛类是安抚玩具、模型车是摆弄型玩具），他们就能在玩耍结束后放回相应的收纳筐里。

虽然我们不能要求他们把每件玩具都摆得像店里那么精致，但是明白分类原则并学会归位和规矩，随着年龄增长，他们的秩序感也会越来越强，会成为一个有规则、有纪律和自律的人。

儿童房玩具的收纳和陈列

　　购买玩具的时候，我们要注意控制数量，可以以柜子的最大容纳度来管控购买的量，也可以给每一类玩具定一个最高购入量，每多买一件就要从家里减少一件同类的。以此来保证儿童房的玩具不会无限制地增加，也保障了房间可以得到更长时间的整洁和舒适。

玩具的收纳可以这么做：大件玩具由家长来做陈列摆设，而用于玩耍尤其是高频率玩耍的玩具则用简单的归拢收纳，也就是找一个收纳固位工具，直接把玩具放进去后统一管理。

　　只有够简单才能保证孩子在玩耍后能够自主把它们归位。

　　例如，玩耍后把玩具投入篮子中，就是非常简单又好用的收纳法。

好用的儿童玩具收纳工具

孩子房间的收纳工具一定要以简单好用为主。工具的复杂度直接与他们给玩具做归位的意愿挂钩，我们可以以此为参考，站在他们的角度去挑选收纳固位工具。做儿童房收纳时，我们常常会用到以下两件工具。

河马口收纳箱

河马口收纳箱很有意思，它因打开后像极了张开的河马嘴而得名。用它来收纳玩具和儿童房的杂物都很好用，只要推开挡板，就能轻松地从里面把玩具掏出来。并且盒子的两侧边缘做了卡槽口，可以根据物品放置在里面的位置选择卡槽口的卡点高度。

把推开的盖子卡在卡槽里，还能避免拿取物品的过程中碰掉板子而砸到手，虽然砸到也不会太痛，但是这个卡槽设计避免了安全隐患。

篮子

　　各式各样的收纳篮都好用。孩子的耐心是一点一点磨炼出来的，不能要求他们按照成年人的审美去纵横精准陈列物品，用篮子收纳的好处是能帮助孩子完成物品的分类管理。

2.5

个体和家庭关系

在中国家庭中，父母喜欢大包大揽，但是家里乱，心情糟，又经常会忍不住吼孩子。不过整理收纳这件事还真的不能怪孩子，而是要怪你在他们的孩童时期没有培养他们学习整理收纳。孩子不会整理收纳，是受家里大人的影响，大人不会整理，孩子自然不会从小学会收纳。

所以，要从小开始培养，找到与子女关系失衡的原因，就能在收纳整理的逻辑中找到平衡点。

从小做起

不要觉得孩子还小，其实2岁的孩子就已经开始产生自主意识，他们会提要求、会撒娇，甚至会耍无赖。这时期他们也开始萌发自己做事情、自己做主的想法，所以在早期渗入正确的指导十分必要。其实通过培养小孩子良好的整理收纳习惯，对好性格的养成也是十分有益的。

一个勤于整理的孩子，一定不会是好吃懒做的，因为整理是需要耗费体力和精力的。一个爱好收纳的孩子，一定是整洁又自律的，因为收纳是需要动脑和坚持的。

当然我们也不可能要求孩子天生如此。也许你家孩子早过了启蒙的年龄，没关系，从小事开始尝试，是最简单又最直接的切入点。比如让小孩子整理小冰箱玩具，先区分形状，再找一找颜色，他们自然会把相同的摆在一起。

大一点的孩子，可以试着放手让他们整理自己的书包、自己的衣柜，还有在周末列一张活动时间表。大人切记不要干涉太多，多放手、多鼓励，给他们留下足够的自主空间。

从我做起

我们时常说这个小孩跟谁很像，不仅仅是长相上的像，更多来自神态、动作、举止、言谈给他人的感受。孩子就像是大人的镜子，你的一举一动都会落入他的眼中进而去模仿，所以才觉得越来越像。

爱睡懒觉的你就别怪小孩子起床拖拉；爱随手放东西的你，也别抱怨小孩子玩具多而乱。

很多教育口号都要求以身作则，所以，先从自身做起，给孩子带个头吧。

投其所好

对孩子要多一些耐心，他们对一件事情专注的时间比较短暂。而生动的游戏能刺激他们的感官神经，使他们快速产生兴趣。

现在有不少整理房间的 App，可以给小孩子适当玩一下，作为辅助指导，增加乐趣。

也可以购入一些孩子喜欢的整理工具，像汽车的整理箱、公主的包包等。大一点的孩子，可以征求他们的意见更换收纳工具甚至家具。

不过游戏和物品都替代不了家长的陪伴，一起读一本亲子整理书，一起画一幅旅行计划，或是和孩子来一场整理比赛吧。和孩子一起学习成长也是很不错的人生体验。

让孩子不再成为捣蛋鬼并没有那么难，管好自己，循循善诱，再来点玩乐助兴，很快他就会成为你的实力小帮手，贴心萌娃可不仅仅只是别人家的专利。

小　贴　士

整理儿童房或给儿童房做好整理的意义不仅仅是把房间收纳整齐，还要通过环境的影响，让孩子能够从小建立整理意识，成长为一个自律的人。

作为家长，我们在孩子的成长过程中也要学会保持距离。例如做整理这件事，可以主动放手，让孩子做力所能及的事，尊重他们的自我意识，建立健康的亲子关系。

第八章　　家庭书柜及大壁柜的陈列和收纳

对于家庭书柜，大家一般会这样做：首先把书按照品类（即书本的本来属性：小说类、社会科学类、工具书类等）分类并以此作为摆放顺序，其次就是会把书一堆到底，只有触到了墙或柜板才安心。这样的结果就是，如果书本的主人没有时间把读完的书放回，其他家人就无法找到正确的位置把书还回去；而全推到底，书本因宽度不同会造成整个视觉平面参差不齐，结果就是：书柜无论怎样收，都只有一个"乱"字。关于书柜的收纳，我们有以下三个建议。

（1）爱阅读的多人口家庭，图书涉猎会很广，按照图书馆的分类方式管理，分类会非常困难，而且也没办法为每一类书留出足够的书柜空间，此时，如果将多类型的书本合并到一个柜子里，后期的维护成本就会很高。不妨以书本主人作为分类基础，在书柜里给每个家人留出一个专属储书区，不分类，只定位。这样，大家各自管理好自己的区域，即便不知道书本的类别，也能在书主人没及时收纳好时，得到家人的帮助完成归位。

（2）爱阅读的小家庭，如果书本流通很快，而且家人共享，建议根据阅读结果分类：看完的还会再看的；看完肯定不会回看的；刚买来还未翻阅的；高频阅读的工具书。有了这样的分类，就可以方便自己及时处理肯定不会再看的书籍和会回看的书籍，给未来的书籍腾出空位来。

（3）收藏者家庭，如果书籍的购入是为了收藏，流通和流动频率低，那么书和书柜的意义就变了，它们就变成了家中的装饰品，这时不用分类，只要依据书皮的颜色陈列和排序就好。

当然，以上观点只是一种很笼统的介绍，关于具体的整理和收纳，我们继续往下拆解吧。

26
个人书柜的分区原则

书柜爆仓？很多朋友会很惊讶现在这个电子阅读横行的年代，居然还会有书柜被塞爆的问题。其实，越是速食快餐发达的时代，我们越会想念家里做的饭的味道。碎片化的阅读越寻常，翻阅印刷版书本时，那种纸张的触感、可勾画的乐趣越令人回味。

我们有一位客户，是我们服务过的单人藏书最多的客户，他的书放了一个阁楼加一整个杂物间都不止，但是这样的藏书，看着壮观，实际上能被翻阅的少之又少。和堆满衣服的衣柜道理一样，因为衣服全被塞挤到一块儿，有重要场合的时候，只能面对满满的衣柜感到无奈，用外出购买新衣来救场；同样，这位藏书爱好者要看书的时候，也只能重新购买，而不是从书架上取出阅读。

藏书爱好者的书架一定不能缺少规划，关于个人书柜的管理有以下两条建议。

制订空间规则

如果存书的空间非常富裕，那么我们可以按照图书馆的方法来管理书本，即制订编码，按科目排放。如果没有这样的硬件，那么就一定要放弃按照科目来摆放的愿望，改由按照阅读习惯来分类摆放。

按照工具书、休闲阅读类、绝版收藏类来简单归类，再按类型组合排列。

制订流通规则

如果购书频率非常高，而且书籍管理区的空间压力非常大时，建议抛弃传统的方法，用流通管理法则来做收纳。这时，书本就不再根据它的内容决定类型，它的分类由其所处的阅读阶段决定。

和衣柜一样，书柜也可以划分出黄金区域、白银区域和木头区域。

书柜的黄金区域会稍微广一点，除了水平视线15°夹角，手臂轻微抬起就能拿到的区域都可以是黄金区域，这里可以用作工具书和新买入书籍的存放区域。

白银区域是稍微踮下脚和略微蹲下身就能拿到的区域，这里适合放已经看过一遍，可能还会再看的书。

木头区域就是书柜的顶部空间或者最下面一层。这里适合放翻看了一遍就不会再看的书、过时的杂志和不符合自己口味的书。

如果书柜没有空间了，而我们还要继续买新书，那么就先把木头区域清空，然后把白银区域挪到木头区域；把黄金区域的书挪到白银区域；空出的黄金区域就可以用来放新采购的书籍。

书柜和家里其他区域的柜子是一样的，虽然看似只有一个类目（书），但是书本身也是多种细类合并起来的大类，所以我们要根据自己的情况来决定分类方法，从而决定它被摆放的位置和流转方法。

书本的流通收纳法

　　下图的案例是出自一个爱书家庭，这个书柜是两个女儿的书柜，书柜高至头顶，上两层都是非常容易拿到的黄金区域，因此，我们将新购入的书和常看的书都放到这两层，然后再将读过不再读的和考虑再看的书分别按照拿取的难易程度放到需要完全蹲下才可取出的最下层和只需要半蹲即可以拿取的倒数第二层。

家庭书柜的分区原则

当我们的书柜是家人共同使用时，收纳方法就和单人书柜有所不同。收纳时需要考虑每个人的取用和阅读便利性。

公用书柜的管理原则有以下几个重要事项。

注意分类要点

图书馆藏书的收纳管理原则，会以书本的类目或科目为分类方向；单人书柜需要做整理时，我们会建议按照书本的阅读频率和阅读喜好来作为分类方向；而当待整理的书柜是全家人公用书柜时，建议按书本所属人来区分，如果单是按所属人分类还不够，那么书的主人还可以再继续根据自己的阅读习惯做第二级分类。

按照书本类型分类的收纳参考案例

我们将书籍按照类型区分后，一定要将同类书籍放置在一处，或者放置在相邻的地方，这样无论是使用或归位都更高效，更方便管理。

后面的参考案例是一位舞蹈专业的女主人的书柜，我们将书进行了类目区分后，按照同类型合并放置的方式做了整理安排。

按照身高划分黄金区域

如果把每个人的书都混在一起，书本的归位就会很麻烦，建议按照每个

女主人舞蹈专业书籍区

旅行类书籍区

经管类书籍区

使用人的身高来划分书柜的黄金区域，此时书柜会出现多个黄金区域。

将这些黄金区域贴上标签，每个人都会拥有一个属于自己的独立区域。之后，拿取、放回时，各人负责各自区域的管理工作，书柜便不会成为混乱的重灾区。

按使用人做书柜分区的收纳参考案例

参考案例是一个典型的母亲和孩子共用书柜的整理法。

母亲身高 165 厘米，孩子身高 140 厘米，我们将书柜的上部分、母亲手抬起来就能拿到书的位置来放置母亲爱读的小说。孩子则用中下部来收纳练习册和课外阅读书籍。

使用合适的陈列方法

书本有多种陈列法，这里跟大家分享三种常用的陈列法，可根据情况自由组合使用。

母亲的书籍收纳区

儿子的书籍收纳区

竖立摆放法

将书脊朝外的方法是传统的方式。这样的放置方法，可以帮助阅读者通过查看书脊上印刷的书名，判断这本书是否是自己寻找的那本。

平放法

平放法一般用于书柜未放满，立放的书因为没有支撑易倒塌时应运而生的一种放置方法。

做平放时，可以多本叠放，放置于最后一本竖立摆放的书旁，撑住整排书列，防止倾斜和倒塌。

但是要注意，为了便于识别书本，即便是平放的书也要将书脊朝外陈列。

封面陈列法

小朋友，尤其是还未进入学龄期的小朋友，识字不多，他们选择书本会以封面的色彩和设计为主。因此，他们的书本应该选用封面陈列法，也就是封面朝外的方式来排列。

并且，多本书前后排列时还要注意按照书本的高低尺寸，以前低后高的方式排列，避免因遮挡而耽误被阅读的机会。

小 贴 士

书柜收纳一定要考虑自己的使用习惯，同时还要考虑这个书柜是个人使用还是多人共用，不同的情况要用不同的整理法来管理。

尤其是多人共用时，要将责任分配到个人，各自负责自己的区域，这个空间才能保持长期的和谐与平衡。

大壁柜的陈列和收纳

大壁柜，选开放式收纳还是封闭式收纳更合适？

外面商店陈列得如此炫目美丽，要如何回家照搬？

很多家庭在装修客厅大壁柜时，会倾向于把它做成顶天立地的开放式大书架样式，因为整整一面墙的书，看着好震撼。

随着书本逐渐被电子书取代，很多家庭会将大壁柜空余出来的空间用作其他杂物的收纳，于是这原本就显得杂乱的区域会越发变得难打理了。

要改变大壁柜的混乱状态，我们要分成以下几个阶段去调整。

原始阶段

因为容量大，什么东西都往里面塞，塞到最后，不仅看着难看，东西也不好找，生活效率由此也被降低了。

减量阶段

节日期间，景区或大型商场里肩并肩、人头攒动的景象只会让人感觉到无尽的压力，而非玩耍和购物的快乐。同样，我们的柜子如果被填塞得满满当当，也会让人感受到压力倍增。物品堆堆叠叠在一起，根本就提不起兴趣去使用里面的物品，读架子上的书。

只放八分满，就像我们建议吃饭吃八分饱一样，这是一个恰到好处的平衡。

减项阶段

当我们的架子上既有书，又有公仔、相片、零食等类型繁多的物品时，会在逻辑上产生和视觉上一样的混乱感，不知道这个收纳区域的真正目的，最后这个储物架就实实在在变成了杂物架。减少放入的项目可以从逻辑上将这个区域的目的变得更清晰。

所以，减少物品的类型也很重要。建议控制在 5 项以内，这样既方便管理又容易记忆。

减色阶段

　　无论是多类目物品放在一起，还是单一类目书籍放在一起，都没办法避免色彩间的对比，所以，减色也很重要。装一个柜门或添加收纳筐把部分区域遮住，是一个不错的办法。

色彩环排列法

　　减色的理想状态是露 5 分、遮 5 分，但是这很难达到。在没办法完成完美减色时，色彩环排列法可以用起来。

　　这是可以达到极致美学平衡的视觉收纳方法。通过把同一颜色放置在同一区域，把色彩对比从视觉上转化为一条顺畅的流动线，从而减少视觉上的对比和刺激感。

　　再如书柜中的书，当色彩经过排列后，它们所带来的视觉刺激就会减少，即便排列不是按照形状厚度来的，仍然有美感和舒适感。

小 贴 士

除了以上方法，如果想要增加整齐的感觉，可以再用边缘对齐法则
（参见书柜的陈列法）。

书本的对齐方法，一定不是把书本推到书柜的最底部，这种"底部对
齐法"对齐的是我们看不到的那一面，所以，书本的对齐应运用"顶
对齐"的方式来进行，即把所有书推后到距离书柜边沿距离一个手指
关节的位置。

第九章　　高颜值的空间展示和空间陈列法

很多家庭都喜欢买透明玻璃的餐边柜，可是里面却塞得满满的，都是杂物。

餐边柜的出现，源自英国的人文特色。

英国的贵族文化中，谦虚、低调是一种非常重要的礼仪。人们在交往中不会轻易谈及身份如何、收入如何等。但是希望获得别人的称赞是人之常情，所以，想要对别人展示自己的成功，但是又不能那么直接，英国的贵族们便想到了一个极佳的解决办法！

他们每个家庭都有一个重要的社交工作，就是定期在家里举办私人晚宴，增进感情，因此餐厅是每一个人都必须进入的居家空间，所以想要展示自己的贵族们会在餐厅里设置一个餐边柜，这里展示的不是别的，一定会是家里最值钱的收藏品。

欧洲曾一度掀起了中国瓷器风，昂贵的瓷器是身份的象征，同时也很符合在餐厅展示的要求，所以餐边柜自然而然就变成了贵族们低调炫富的工具。

由此可见，餐边柜从发明之初就不是一个储物工具，而是一个展示功能多过储物功能的工具。这一章我们就以餐边柜为题展开讲述这类展示型柜子的收纳法。

29

餐边柜的式样和收纳要点

餐边柜可以简单分为三款，全开放式（如玻璃柜）、半开放式（如上层玻璃柜下层隔板柜）以及全封闭式（如隔板柜加抽屉）。

我们在收纳时要分清楚，开放透明玻璃区为展示区，只有不开放、不透明区才是储物区。储存方式和橱柜同理，可以参考厨房篇的隔板和抽屉收纳方法。然后展示区就要好好陈列了。

全封闭式餐边柜

这类餐边柜的作用就是储存餐具、辅助用餐，也是储物功能相对齐全的一类餐柜。

半开放式餐边柜

这类餐边柜既有储物功能又有展示功能，是兼具功能和美的综合性柜体。但因为分出部分空间做陈列，储物区会因此被压缩。

全开放式餐边柜

　　这类餐边柜只有一个作用，即做陈列展示，这里不适宜放置过多的物品，因此它的储物功能是三类柜体中最差的。

陈列法则在餐边柜中的应用

　　想要提高居家的生活品质，购入一些好看的装饰品、买一些高颜值的花器或者画作都是不错的选择。

　　既然它们是为了点缀生活而存在于居家空间里，上述物品就不宜出现过多，或过高密度地出现。至少，在我们的审美和搭配还在修炼阶段时，请尽量减少装饰品出现的面积，只要达到点亮生活、提升细节美就好了。

　　最容易的陈列就是空白处的陈列。这个区域可以是我们的开放式展架的一块层板区域或展架上的空白框格，可以是墙面延伸出来的一段展示横架，也可以是家中空出来的一块干净地面。

　　想到陈列，我们一定会联想到奢侈品门店、服装店的橱窗陈列，但是商业陈列不仅需要对结构和色彩有专业把控，对于陈列品的选择也是很有讲究的，甚至为了满足陈列主题的落实，会专项采购一些陈列道具去辅助和烘托氛围。

　　在陈列式整理术里，我将商业领域里的陈列法缩减成为以下两个简单又易学的家用陈列法。

数字法则

　　数字法则是一种简单易上手的陈列方法，用控制数量的方式让我们不需要过多技巧就能达到一定的视觉美感。

　　陈列品少即是多，在同一个框格或一个局部空间，如果可以只放一件陈列品，那么它将会是所有视线的焦点，而且它也将会成为客人到访时话题的起点。

如果不能接受单一物品的陈列，那么放入3件物品也是可以接受的，但是陈列的时候需要有一些技巧性的排位。

当然，要打破以上规则也并非不可。有一种情况，那就是要放入同一个展示区的物品是同一款设计、同一种材质和同一类造型时，它们是可以放在一起展示的，如套装咖啡杯、茶具等，因为当它们组合在一起就又会形成一个自然的"1"。

数字1的陈列法

我们在展示物品的时候，如果需要集中放在一起，只放一个，将会是最好的状态。

就像钻石的广告词：一颗永流传，只有当你的钻石是精挑细选的一颗独钻时，它的价格才一定会高，一堆碎钻堆砌起来的戒指，无论组合起来的钻石有多大，都不会让人觉得它比一颗独钻更宝贵。

数字3的陈列法

当然，如果空间比较大或平面比较长，那么放置3个也是可行的，将3件物品等距排开，它们之间就能形成一种平衡的美感。

形态法则

除了数字法可以用来做陈列，排列的技巧也是很重要的，当我们的物件是3件或5件时，建议再加入一些形态的组合摆放。

店铺陈列时，一般采用一字排开法、列队法和重点突出法。当我们懂得应用它们，也会带来很好的陈列结果。

例如，用一字排开法将物品一件一件等距排开，形成一条直线，一种最原始的美感也会随之产生。

又如，当放在一起的陈列品都特色分明、各自抢镜时，我们可以通过增加容器的方式，在它们中间制造出一个制高点，将视线从散落的信号集中到这个突出的点上，让这种不统一和混乱的视觉感得到缓冲，从而创造出另类的视觉美感。

陈列品建议单独放置在独立设置的陈列区，不要在已经放好物件的格子前再放上另外类型的物件去遮挡，一旦陈列品遮挡住了正常需要被使用的生活物品，就像是我们打开抽屉和柜门后看不到我们想要使用的那件物品，这违背了陈列的初衷——被展示、被看到，从而影响了物品被使用的便利，最终使物品变成不被使用的废弃物。

一字排开法

一字排开法指的是将物品按照一定的比例等距排开。将陈列品一字排列开来，会有一种线条无限延伸的美感。

列队法

列队法就是将物品像军人列队一样整齐地排列开来。要注意，同一类物品才可使用该法。

在排列时，左右物品可以不一样，但是前后一定要一致，这样可以保证我们在取用前面的物件时能够知道后面的物件是一样的，方便我们管理。

尤其是家里的葡萄酒杯、水杯、马克杯较多时，这个方法非常实用。

重点突出法

重点突出法是指在一个储物区制造一个制高点。

这样，即便放在这个角落的物品可能会超量，我们也会因为视线被这个突出点所吸引而忽略下层的物件，就像是摄影中的取景一般，从视觉上回避不舒适感。

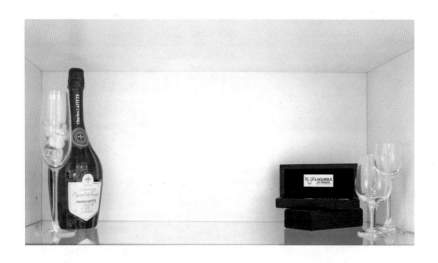

小 贴 士

整理和收纳绝对不只是把物品放整齐这么简单，尤其是展示型的餐边柜，不仅整理要做好，将整理做好后再附加一些增加美感的陈列，那么这个空间将会既好用又好看，会成为整个家的亮点。

第十章　　　　　　　　　　　家的管家

除了常规物品的收纳和管理，我们有很多客户也会对特别珍爱的物品有收纳顾虑：

到底要不要给珠宝买保险箱？

家里收藏的葡萄酒放在哪里合适？新搬家后需不需要给家里配整套西餐餐具、葡萄酒具？

那么这一章我们就来解答吧。

首饰的保养和收纳

首饰虽不是生活的必需品，但即便是对自己"不够大方"的女士也会有珍藏起来的1~2件喜爱之物。它们可能是长辈或亲人赠予的、自己逛街时买回来的、婚礼作为陪嫁留下来的……

除了仅作为装饰品的饰品，每一件贵宝石、金银器类的首饰，都不仅仅是配饰这么简单，它们还具有经济价值，是一种金融投资品。

首饰的收纳和管理要同时兼顾佩戴的便利和价值的保值。珠宝价值的降低主要是因为保养不当造成的色彩变化和表面裂缝的产生，因此在管理的时候我们要着重避开这两种伤害。

珠宝的颜色变化来源这两个因素：储存条件和佩戴条件。潮湿不通风的储存条件会让珠宝周围的金属产生变化从而腐蚀和污染珠宝；佩戴时身体上的护肤品和皮脂会和宝石产生化学反应，使它被雾化，变得暗淡无光。因此，珠宝的收纳和保养请注意以下几个小细节。

收纳方法

宝石首饰是否要放在原盒中并不是收纳的重点。

宝石在收纳时，我们需要格外注意它们的储存环境，无论是硬宝石还是软宝石，都要避免它们之间可能会发生的碰撞。一个有独立分区、稳定的、柔软的、干湿度适宜的储存条件很重要。

储放位置

首饰被放起来后，是否还能便利地被使用是考量重点。

除非是价值极高，要用保险柜或特殊安保来做管理的收藏级的珠宝，日常佩戴的珠宝首饰建议用开放展示的方式来收纳，通过可视来提升它被看到以及被使用的概率。

收纳工具

　　珠宝店用的那种带绒布的或棉麻做底的收纳盒和收纳盘就很好，放在抽屉里，再把首饰放上去，一目了然还安全稳妥。

　　当然，收纳耳环时，小的自封袋也是不错的收纳工具，用自封袋作为单独的分隔器将每一对耳环独立打包后，再竖立排列到收纳空间里，一个小小的收纳分隔盒就能管理数十对耳环。

　　用这种方法时一定要做好分类工作（如按照耳环的造型把它们分成时尚类、复古类、通勤类、动物类等）并搭配标签以辅助我们每日的翻找。

取用动作

珠宝对油脂和粗糙的接触面很敏感，手上的油脂和化妆品以及粗糙的手部皮肤频繁去接触它们都会造成表面的损伤。需要直接接触时，建议带上棉布手套，用柔软的棉布去接触和抚摸它们，尽可能避免直接上手拿取。

葡萄酒的储存和收纳

葡萄酒是发酵品，通过发酵，会产生原本并不具备的花香、果香，不仅闻得到，还能留存于唇齿间。葡萄酒只有建议保质期，存储得当它的生命周期可以再延长。

葡萄酒是葡萄果实中的糖分通过和酵母的接触发酵而成的酒精饮料。在整个发酵过程中，如果是红葡萄带皮发酵，它会产生酒精、单宁和乳酸；如果是白葡萄或去皮后的红葡萄果实发酵，会产生酒精和苹果酸。这些单宁和酸就是葡萄酒长时间存放时抵御时间这枚利剑的盾牌。所以，要想葡萄酒能够耐得住时间的考验，就要去维系它瓶内的单宁和酸。

酸会随着时间逐渐减弱，而单宁则是通过和氧气的结合而变得柔和，如同从精彩走向平淡。

葡萄酒被罐装在密实的玻璃瓶子里，这会让人误以为它是完全密封的。螺旋盖包装的葡萄酒确实是全密封的，因为它们用了螺旋卡扣的方式将盖子紧紧包裹在瓶口上。而传统的用橡木塞作为密封工具的包装方式却不是完全密闭的。橡木塞是充满小气孔的软木，所以表面上它封存了葡萄酒，内里却允许空气不断进入瓶中，让葡萄酒的单宁缓慢地被氧化，这种极为缓慢的氧化就是为了等到开瓶的那一刻，它能够呈现出入口即美好的最佳状态。

在做整理的时候，整理师会从橱柜底下、阳台柜子、冰箱冷藏层里帮客户整理出来很多名贵的葡萄酒，每每这时，懂得葡萄酒的整理师都会替它们感到惋惜，它们将不再因为美好而被欣赏，它们的花蕾还未盛开便早早凋谢。

要不要买酒柜

酒柜是目前除了地库酒窖外，现代家庭用来储存葡萄酒的平价替代工具。

专业的酒柜不仅能够调节单一温度，还有双温度的管控条件，让需要更低侍酒（给葡萄酒做开瓶前的准备）温度（6~10℃）的白葡萄酒和需要更高温度（18~20℃）的红葡萄酒都能拥有各自最佳的存储区。

没有存酒习惯或家里只有2~3瓶藏酒的朋友完全没有必要购买酒柜，只要选一个专属的区域，在常温条件下稳定地存储它们就好。

酒能不能放橱柜或阳台柜里

　　无论是螺旋盖还是橡木塞的葡萄酒，都不能长期处在高温条件下，如果是冬天不开地暖的房间、阳光不会直射到的阳台区域，并且这些地方常年温度在10~20℃，是可以用来储存葡萄酒的。

　　但值得注意的是，如果被储存的是用橡木塞密封的葡萄酒，还要注意柜子内的湿度不能过低，要保持在70%左右。

　　没办法做到绝对湿度，就请把酒瓶横放，利用瓶中的液体保持瓶塞的湿润，防止开裂。

能不能放冰箱

　　冰箱是天然的除湿机，如果把用橡木塞密封的葡萄酒放在冰箱里，时间一长木塞就会因为水分过低而干裂，这样氧气就会迅速通过裂开的口子进入瓶内使葡萄酒快速氧化，变得不那么鲜美。

　　冰箱一般只可以用来存储螺旋盖密封的葡萄酒，而橡木塞一类的葡萄酒只在没有饮用完做临时和短暂存储时才会用到。

西餐餐具的使用及收纳

西餐是分餐制的，每道菜定量分食，既能满足味蕾的享受，也能有效减少浪费。

这种分餐的饮食方式是传统的饮食方式，我们的餐饮方式也是到了宋代才被合餐制取代。和合餐制比起来，分餐非常重视菜的排序和食用方法。

餐具和餐量

西餐严格遵循着用餐礼仪，每一道菜都要搭配一个盛具、一套刀叉和一个饮品杯。一个正式的私宴，可以通过桌上摆设的餐具件数或杯子数量来大致判断当天的餐量。

例如，桌面有四套餐具：一把汤勺、两套刀叉和一把甜品勺，就表示这次的餐宴将由四道菜组成。而此时，

桌面上也会对应着摆放四个酒杯加一个水杯。除了水是固定的，正统西餐里每上一道菜都需要更换一款酒。

餐具与餐食安排

西餐里，餐具的使用顺序是从外往内，每食用一道菜就要用一组餐具。餐数以放在餐盘右边的餐具数量为准，它们也同时对应着当天的餐点菜式。

如果最外侧的餐具是一把勺子，就说明我们将要享用的第一道菜是汤；如果是刀，则表示头盘将会是色拉一类的冷餐。这把刀会比主食餐刀小一号，很容易辨认。

这把刀还可能会出现在汤勺后面，当它出现在这里时，就表示我们不仅会有汤做头盘，还会有色拉做开胃菜。这将会是双头盘的菜式组合。

头盘后是正餐，搭配正餐的是一套或两套长柄刀叉，刀在右，叉在左，当它们为刀叉组合时，就表示我们将会有以肉为主要原料的一道或两道主食。

当原本刀的位置被叉取代，也就是刀叉变成了叉叉组合后，我们的餐盘右边本应只出现餐刀的地方出现了叉子，即我们的左右手都各有一把叉时，那就很有意思了，这表示我们将会在主食里吃到带骨头的鱼。

在传统西餐里，吃鱼是不用刀的，正确的吃法是用叉代替刀，双叉交替慢慢将鱼肉从鱼骨上剔下来食用。

排在餐刀之后的将会是小刀或小汤勺。刀子是用来切奶酪的，而小勺子则是用来吃布丁（蛋糕）的。传统的西餐，可以在甜点前搭配一个小咸点。

所以，不仅要摆放勺子，还会摆放叉子。

餐具收纳

如果在家里有宴请客人的需求，或者我们本来就是一个西餐爱好者，家里配备完整的餐具和酒具装备是合适的，可以将这些套件拆开来分别收纳：酒杯放入展示的餐边柜里做陈列展示，刀叉按照前菜叉、主食叉、前菜刀、主食刀等分类后再竖立排列到餐具收纳分隔盒里，再把盘子单独作为一类合并到餐具区。

这样既使用便利，又能满足收纳的整齐和美观需求。

包包的保养和收纳

无论是在某宝上还是社交媒体上搜索"包包收纳"这个关键词，都能立马收到一大堆相关收纳办法：例如，给包包套上叠层收纳挂袋，把它们一袋一个装起来收纳；也可能是很简单地直接放在原盒里，然后叠在柜子里收纳。

无论方法如何，包包收纳是没有标准答案的，只要根据自己的空间条件和预算去选择适合的就好。虽然收纳没有答案，但是收纳的动作却值得拥有自己的标准答案。

关于防尘袋

防尘袋虽然名为防尘，如果我们并不是居住在灰尘中心，或在旅行时用作在行李箱里的防随行衣物染色的隔离保护袋，它是用不上的。

皮质类的包包长时间被套在防尘袋里，并且储存环境拥挤、密闭又潮湿（例如被挤塞到没有空余空间的衣柜里，又同时处在黄梅天衣柜返潮的尴尬条件），会因为无法透气而滋生出霉斑，不仅会侵蚀包包的皮质，也会氧化装订在皮质上做装饰用的五金配件。

而在极干燥的条件下，把包放在防尘袋里，也会出现因为表皮无法与空气中的水分接触而导致皮质干裂，最后油封也会随之破裂漏油，出现油渍污染皮面的问题。

当然，从保养角度来说，非皮质的包包，如亚克力材质、金属材质，用防尘袋来收纳不出现像皮质包那样突出的问题，是可以放在防尘袋里保管的。

但不得不提，包包数量比较多的时候，套上防尘袋做管理会占用更多每天的配搭时间，因为我们为了找到合适的它，不得不每个袋子都逐一拆开来找寻。

关于存储条件

　　放包的地方不仅要避免阳光直射，还要注意干湿度，最好通透敞亮，不必把包包做叠放。

紫外线不仅会让人的皮肤老化，皮质包具长期经受阳光直射，颜色也会变得暗淡，出现开裂；亚克力材质的、藤编类的也一样，造型表面会产生裂纹，失去光泽或链条断裂，在包包表面形成破洞……

储存时，请不要挤压包包，把它们一个一个独立排列开来，放在阳光照射不到的柜子里，一是为了让它们都能自由呼吸，拥有舒适的储放空间；二是这样的陈列摆放可以让我们直接看到每个包包的状态，当五金件出现氧化或包包表面花皮了，能够及时发现并送往修复。

关于拿包动作

在我们拿用包包的时候也要特别注意，水、油都可能让它受伤。

麂皮和真皮材质最早被用来作为穿戴制品，就是因为它与汗液长期接触后会变得柔软且服帖，于是游牧民族将它们制成御寒用和雨天时穿着的外衣。

用这类皮质做出来的硬挺款式的包包，如果要保持它的硬度，一定要注意防水。除了避免在下雨天的时候使用，也要避免在容易出汗的季节拎它，手汗的长期浸泡也会让它变软。

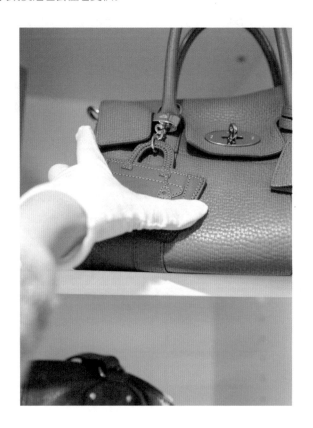

包包的塑形

包包长期立在柜子里不使用，它就会从中间往内塌陷。尤其是用作随身物品收纳的大容量包包，长期不用就会发现，再用时形状会变得不好看，这就是因为它的形状已经塌陷了。

所以，我们在储存包包的时候，建议往包内塞上雪梨纸，通过填塞把它的形状维护起来，每次使用让它都能处于完美的状态。

之前讲到的被去掉的防尘袋，也可以顺势和雪梨纸一起放入包内；锁扣、绑提手的小丝巾等配件也一起放进去。这样做，可以很好地解决每次出门时都要到处翻找配套小饰品的问题。

礼服的穿戴礼仪和收纳

曾经憧憬着自己也能像偶像剧里的女神那样穿着礼服裙惊艳全场。于是逛街时，会被那些或修身或带有蓬松裙摆的长裙、短裙吸引，即便钱包大出血也要买回家。可买回来那一刻的开心最后都因为长期让它们躲在衣柜里吃灰而变成了伤心。

关于长礼服

长礼服和长裙确实是有区别的。不是所有长裙都叫礼服，但是礼服却是长裙的一种。普通长裙，剪裁以贴合身体舒适性为主，长度不会超过脚踝，材质也多元，麻、棉、丝、皮都有，顺应季节选用不同材质，能很好地适用于日常的穿着搭配。这类服饰不仅适用于隆重场合，其他的晚间社交场合也合适。

随着文化的多元化，以前只能选择电影消遣的我们，还可以看话剧、听音乐会、参加鸡尾酒会和客户的品牌答谢会甚至朋友的生日宴会、婚礼宴会等，这时都可以选择长礼服。

修身型的长礼服，放到日常穿着也是可以的。把旧礼服裁短，修剪到脚踝以上，搭配上外套或套头上装，它就能变成日常长裙，变得更轻松和易搭配。

长礼服的收纳和采买建议

长礼服的购买建议

太过于华丽和夸张的大礼服不适宜多次穿着，即便是出席场合较多的人，同件礼服也不建议在有重复客人名单的宴会上出现。出勤率如此低，以租代买更合适。

长礼服的悬挂收纳

因为特别喜欢而出手买下来的大礼服，收纳的时候也不建议放入日常衣服区。当然，空间足够，可以单独列出来一个区域去悬挂收纳，套或不套防尘袋都可以。

而修身型长礼服，相对蓬松型礼服穿着的场景更多，同时它的造型和日常长裙的差别没有蓬松型礼服大，放入长裙区做垂挂收纳是可以的。

不建议在换季时将长礼服随着季节性衣服放入叠放区，可以用防尘袋套好后继续将它保留在所属的悬挂区，防尘袋的遮罩可以帮它做出与当季衣服间的区分和间隔。

收藏型长礼服的收纳

收藏型长礼服没有专属区域陈列，建议把它用防尘袋装好，平叠收纳至储藏间或纪念品收纳区。长礼服基于它的不可重复穿着性，它的特点是收藏多过实用。

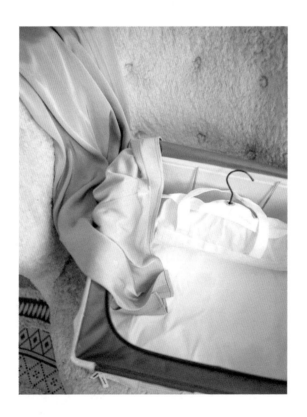

关于小礼服

现在的小礼服和日常及膝裙已经没有太大的区别了。在传统的时代，女性一直被长裙和束腰束缚着。第一次世界大战后，女性因为社会地位和社会身份的改变，越来越多地从家庭附属品这个角色里跳脱出来，参加工作的女性逐渐增加，文化和社会结构的变化，令女性的思想也发生了变化。

她们不再局限于穿着束缚自己的难受的长裙，以香奈儿为代表的先进女性们甚至开始了穿着男性式样的吸烟装，她们更愿意穿着更舒适、宽松的衣服，于是小礼服逐渐走进人们的视野。

现在，小礼服其实已经褪去它原本只是作为淑女标志的寓意，而有了更多的实用和功能性。它美丽却不会过于华丽，在工作场合，套上西装外套，它就是严谨且得体的通勤装，脱掉西装，她又能够展现女性的魅力、强化女性特有的柔和感。

小礼服的收纳

除了材质特别厚或特别薄的小礼服，通常小礼服都是可以通季穿的，因此把它们一直挂在衣柜里收纳是可以的。

小礼服需要做换季收纳时，建议做对折或三折，然后平叠放进牛津布收纳箱里。不做过多折叠是为了避免隔年取出来的时候折痕太多而损伤衣服。

附录 1　　　　　办公桌的收纳和管理

在公司里，虽然每一个人都会被分配到一个属于自己的独立工位，但是这并不代表这是一个完全私人的领地。

公司配给我们的工位、办公桌、储物间，虽是属于我们的小天地，也同样承载了我们的工作状态，反映着我们的个性以及工作态度。

办公桌的高效管理法

无论办公室有多大，都请尽量避免放入过多的私人物件。关于公司配给的储物空间我们有三条收纳建议：

（1）私人物品的收纳空间不超过 20%；

（2）个人物品集中放在一起，不和工作相关物件混在一起；

（3）方便使用和便利的空间首先留给与工作相关的物品，如文具、数据资料集等。

首先我们要明确，办公桌桌面是我们工作的桌子，在这里可以出现的物品应该是与工作有关的计算机、文件、文具、通信工具、辅助资料以及样品样件等；与工作无关的个人用品，如化妆品、零食、玩具等，不应占领工作区域，如有，应挪出。

办公桌的功能划分

办公桌的核心功能是处理工作，那么我们应该用不超过 20% 的空间来放置与我们的工作项目相关的工具（计算机屏幕、键盘、资料、辅助工具等），剩下的区域应彻底留白。这样我们在工作时才不会受到阻碍，并且需要查阅资料时，才有足够的空间放置它们。

办公桌桌面物品的储放

桌面上的空间有限，不能作为主要物件的储放空间，这里储放的物品应为需要顺手使用的常用小物件，如手机、名片、订书机、胶水、回形针、笔等，以及处理中的文件、资料等。

小文具因为零散，随意放置容易造成凌乱的感觉，也容易滚动滑落。因此，一定要借助管理工具，类似于笔筒架、键盘杂物架等。

我们只需要将待管理的小件物品分组归类后，再分别放入我们为其规定的对应区域即可。

办公桌配套抽屉的使用建议

市面上最流行的办公桌配套柜是可以放置于桌面下方的三层带锁抽屉柜。抽屉的深度会有两种规格：浅的杂物收纳层和较深的文件储纳层。

第一层一般为浅层抽屉，很适合放置如公章、样品等公司物品，当同事无意打开或寻找物品时一般都会先开启这层抽屉。

第二层同样为浅层抽屉，可放一些贵重的或者个人必要用品，钱包手袋等也可以放在此处。

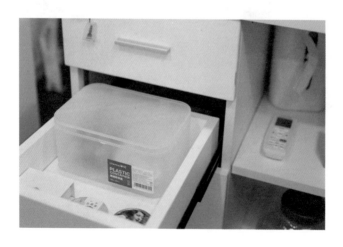

在使用浅层抽屉的时候请一定注意，如果我们将物品一股脑儿往里塞，会造成它们堆积、被隐藏的窘境，因此，我们需要为其搭配分隔盒，将每类物品清晰、独立地管理起来，这样取用才会便捷，节省工作时间。

而深格子的抽屉，用来放置重要的存档文件正合适。对于文件抽屉，我们常会遇到这种问题：文件夹重叠放入后，会看不到左侧的标签页，找寻资料费时费力，并且由于深度有限，能够放入的文件夹也很有限，最终它会沦为私人物品、包包的存放点。

其实，这里的正确使用方式是将 A4 文件夹横置后竖立插入。这样的插入法不仅让我们能够存入足够多的文件，并且标签朝上，在取用时也可以迅速匹配，节省搜索时间，是提高工作效率的好方法，大家一定要好好利用。

办公文件的收纳和管理

办公文件可不能做完就堆在桌子上！曾经有朋友分享过他的文件管理经验，因为桌上文件太多，原有的桌子完全堆不下了，就跟公司申请了一张新的桌子来专门堆文件。可是物理空间的扩大是有限的，总不能无限制地申请桌子吧。

文件整理时，首先我们得分清类型，如该文件是正在处理中的文件还是归档文件。

关于处理中的文件

处理中的文件，我们可以用抽屉式的文件储物架来管理。将架子分为三层，最好拿取的最上一层用来放正在处理中的文件，因为需要随时抽取。

在处理文件时需要查阅的资料，可以放在第二层。

最下面一层是已经处理完成待归档文件，处于这个位置的文件，最终需要被转移到文档管理处。在被归档前，可以临时放一下，但当这堆文件逐步增多，开始顶到资料层，它就必须要处理了，放在第三层也是给自己一个缓冲和提醒，让自己不能疏于归档文件的管理。

关于归档文件

文书、法律相关文件（如合同）和财务类的文件，按照国家规定，在处理完成后，必须保存3年，以便复查。

我们的文件处理完成后，还应该根据其属性再次归档。

属于个人资料型的文件，可以按照文档所属类型，分别放入文件夹后，放到办公桌附近的工作台上集中管理。符合归档要求的同时还要满足合理的动线规划，方便拿取。

　　非资料类的个人存档文件不需要经常查验，那么我们可以把它们放入抽屉或个人资料柜中。

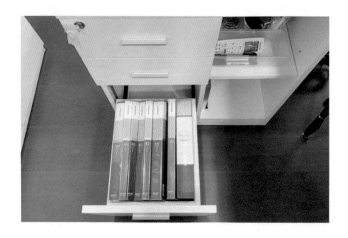

　　如果是公司内部共享的资料文件，入档后就应该按照图书馆管理的方法，统一放入公司的公共资料库。

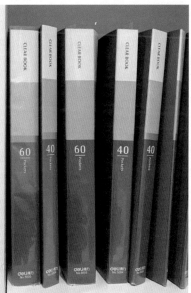

附录 2 居家、办公各区域好用的收纳工具推荐

这是我们做整理师几年下来用过的收纳工具，我们推荐的也都是自己使用后感觉不错的工具。由于前面的章节没办法将全部工具都呈现出来，于是在这里单列出来进行汇总，当您需要给家里对应的区域做物品管理或空间扩容时，可对应着查看它们的使用方法，确认合适后再下单。

门厅区域收纳工具推荐

工具图	工具名	使用方法和适用范围
	挂钩	不仅可以挂在墙上，还能挂在鞋柜外侧以及拉门式鞋柜的门板内侧，挂衣服、围巾、手套、鞋撑、抹布、剪刀都可以
	上开盖式鞋盒	上开盖式的鞋盒用来收纳过季的鞋子更好，不用每次穿都要挪动放在上层的鞋子后才能拿到想要穿的那双。这类鞋盒通常材质偏硬，支撑度很好，不用担心挤压和坍塌问题
	抽拉鞋盒	高盒子用来收纳高跟鞋，矮盒子用来收纳平跟鞋，好用也好拿，带窗口的可以帮助我们辨别里面的鞋款，节省出门换鞋的时间，但是不适合放到视线以上的区域，否则会增加辨认和取用的难度

工具图	工具名	使用方法和适用范围
	伸缩杆	可以用在两层层板较高、空间比较浪费的鞋柜，用伸缩杆可以提高整体空间的利用率，可利用它将鞋子挂起来纵向收纳
	矮款立式文件收纳盒	放在斜插鞋柜里，可以用来收纳快递打包用的纸笔、剪刀等
	托盘	可以用来临时摆放钥匙、包里的杂物、票据等
	挂壁式拖鞋收纳架	门厅空间有限时，可以用它来收纳拖鞋或平跟鞋，从墙根往上排，一个纵向可以收纳 7~8 双鞋
	通用塑料收纳篮	无论是放在鞋柜里还是鞋柜的台面上都可以，用来收纳出门需要的口罩、酒精喷壶或者鞋具护理品等
	洞洞板	随心设计，添加置物板放置小摆件，再添加圆球挂钩，可以更加方便悬挂进门的钥匙

厨房区域收纳工具推荐

工具图	工具名	使用方法和适用范围
	通用塑料收纳篮	塑料篮防水又易清洗，无论是放在柜子里还是台面上都很好用，选择的时候要考虑放进篮子里的具体物品，根据它们的尺寸来选择篮子的尺寸
	日式多用途分类收纳盒	盒壁整齐光滑，多个盒子排列在一起也不会有空隙，可多件合并放在水槽下或抽屉里做物件的分区分类收纳
	压盖密封收纳盒	密封性好，放在上橱柜里，也能轻松看到里面的食材情况。盖子有凹槽可以叠层摆放，空间利用更高效
	天窗密封收纳盒	适用于橱柜抽屉里的食材收纳
	玻璃储物罐	玻璃罐是万用密封罐，各种类型的食材都能收纳，即便是气味刺激的花椒、辣椒和八角一类也能收纳。放冰箱也没问题，盖子有凹槽或防滑垫，可以叠层摆放，空间利用更高效

工具图	工具名	使用方法和适用范围
	米桶	使用时，米和面粉建议拆封换好包装后再使用。米桶密封性好且能更清楚看到米和面粉的储存状态
	亚克力抽屉分隔盒	尺寸有多种，长形、方形、宽形，用来分隔橱柜里的浅层抽屉。用来分类收纳筷子、刀叉、备菜工具等
	伸缩收纳盘	橱柜抽屉的收纳神器，尤其是可以伸缩，即便更替收纳抽屉，也能在伸缩间完成对抽屉的分区分隔
	木质餐具收纳盒	木质抽屉分隔盒通常尺寸偏大，适合抽屉较大的厨房空间，可以用来收纳锅铲、汤勺一类的大尺寸炊具
	抽屉分类储物盒	这个盒子和亚克力材质的分隔盒使用方式类似，但边缘更高，可以组合起来在抽屉里做空间分区，用于牙签、密封夹、备菜工具一类的小物件的分区分类收纳
	可伸缩碗盘架	可以根据橱柜抽屉的深度来拉伸伸缩架，尤其是在橱柜深的抽屉里用来竖立收纳碗碟
	木质碗盘架	木质碗盘架长度是固定的，无论是用来放盘子还是放杯子都好用

工具图	工具名	使用方法和适用范围
	盘子架	空间紧凑，碗具需要多个重叠在一起时，这个碗架可以帮助我们更好地稳定这些被叠高的碗具，不晃动、不跌落
	抽屉碗盘内置收纳架	加上架子后，碗盘就能立着放在抽屉里。可伸缩的架子无论抽屉深度如何，都能适用
	磁铁冰箱侧壁收纳架	借用吸铁石将篮子吸附在冰箱上，可用来收纳密封袋、保鲜膜
	磁铁置物架	吸附在冰箱上，可以用来收纳保鲜膜、厨房纸等杂物，自带挂钩的还能用来收纳隔烫手套、剪刀等可以悬挂收纳的零碎物件
	边缝收纳架	可以放在厨房任意缝隙区，如冰箱与橱柜间，利用缝隙空间收纳瓶装调料或生姜蒜等新鲜食材
	菜板架	放在台面上收纳菜板可以防止菜板跌倒。带有刀架的款式，还能同时将菜板和菜刀、刮刀、备菜工具一起收纳
	沥水盘	放在水槽旁，收纳洗涤后的碗碟，不用沥干时可以将收纳盘合起，用时再拉开，通过可变性来更好地管理空间

工具图	工具名	使用方法和适用范围
	水槽沥水篮	这是可以放置在水槽里的沥水篮，如果台面太窄，没有足够的空间来放置碗碟的沥水盆，那就选水槽沥水篮，可以沥干清洗后的碗碟，也可以用来清洗蔬果
	水槽沥水盘	需要用的时候摆出来，不需要用的时候再立起来靠着台面，适用于空间很紧凑的厨房空间
	水龙头置物架	可以挂在水管上，放置百洁布、清洁剂或是洗手液、肥皂
	窄型 PP 收纳盒	可以放置于水槽下方，用来收纳库存的洗漱工具。矮型的可以收纳百洁布、抹布等，而高型抽屉盒可以收纳高瓶装的洗涤剂等
	下水槽伸缩置物架	可以包住水管的分层架，通过伸缩可调节高度，更高效地利用下水槽的空间
	下水槽储物架	放置于下水槽区域，用抽拉的方式将水槽深处高效利用起来

工具图	工具名	使用方法和适用范围
	叠层篮	可以放在台面上、地上，也可以放在水槽下方，根据所需要收纳的物品类型来增加叠加的数量
	伸缩杆	厨房下水槽区还可以用细伸缩杆，撑好后，无论挂洗涤剂、喷壶还是手套、抹布都可以
	下吊篮	无论是挂在上橱柜内、上橱柜最下一层层板上还是下厨柜柜门上都可以，矮款的可以用来收纳厨房纸、保鲜膜等轻薄的物件，也能收纳菜板。厚款的挂在上橱柜区域，可以用来收纳杯子、碗碟
	文件收纳盒	用于深抽屉，无论是收纳炒锅、小炖盅都好用
	厨房带轮锅盖储物盒	带轮，可以拖动，可用于收纳炒锅或菜板、托盘等大物件
	锅具调料收纳盒窄款	可放在下厨柜的层板空间里收纳炒锅或瓶装调料

工具图	工具名	使用方法和适用范围
	锅具、调料收纳盒宽款	尺寸偏宽，放置于水槽底下或层板空间均可，可以满足固位需求
	木质收纳箱	木头材质，边缘既硬又稳固，放在潮湿空间也可以，可以用来放置厨房的囤货，如大袋米和面粉
	收纳篮	放在台面上或挂在墙上，很适合收纳长条青菜或蔬菜
	铁艺分层收纳架	放在台面上或柜子里用来分类收纳新鲜蔬果
	储物盒	可放置新鲜蔬菜和水果，不怕压，大量囤买的食物也可以用它来收纳

冰箱区域收纳工具推荐

工具图	工具名	使用方法和适用范围
	牛皮纸袋	放在冷藏区用来分类收纳新鲜蔬果、鸡蛋等，厚款的防水，还能反复清洗重复利用，环保又好用
	冰箱收纳盒	有亚克力透明的也有白色塑料的，材质多样，尺寸也有宽窄之分，有带沥水篮和不带沥水篮的，无论哪种，它们的用途是一样的，就是将冰箱层格进行区块分割，然后再将调料、食材等分门别类地进行收纳。通常带有拉手，取用食物时，可以整排往前拉，不需要左右挪移就能把放在后面的食材拿出来
	窄条冰箱收纳盒	用来收纳需冷藏的瓶装药水、调料、酸奶、饮料等，尤其是带分隔的窄条收纳盒，还能放在门板上，为门板收纳做分区盒固位，尤其是对开门冰箱，门板收纳区非常宽，分区后会更好用
	易拉罐冰箱收纳架	使用后不仅省空间还好拿取

工具图	工具名	使用方法和适用范围
	冰箱鸡蛋收纳盒	鸡蛋不适合放在门板上，放在有凹槽的鸡蛋收纳盒里，再放入温度适宜的层板区域，一个鸡蛋配一个坑，加上盖子还能再叠一层，一层冰箱空间就能收纳数十个鸡蛋，安全好用又省空间
	冰箱侧门收纳盒	可以挂在侧门自带的收纳框上，用来收纳外卖送来的小包调料以及芥末、蟹醋等原始包装就很小巧的开封后要冷藏收纳的原瓶调料
	日式多用途分类收纳盒	适合放置于对开门冰箱，冰箱区域建议使用宽版长款，用于冷冻区，可以竖立收纳速冻的食物以及用密封袋分装好的冻肉
	密封盒	材质有塑料、玻璃、钢质等多种，尺寸也很多，可以用来收纳剩饭菜或需要锁水保鲜的蔬菜。但建议选择方形、长方形等形态规整的，无论是单独摆放、叠放都可以。尤其是窄扁形的，可以用来收纳分装好的海鲜或肉，可竖立起来排放在冷冻区的抽屉盒里
	密封袋	用于分装放入冰箱里的各类食材

工具图	工具名	使用方法和适用范围
	冰箱专用密封袋	这类密封袋较普通密封袋更厚，可以站立，用来收纳冰箱里少量的，尤其是液体类的食物
	冰箱抽屉收纳挂盒	利用两层层板间食物间隙空余出来的空间，收纳降温贴、面膜、调料包等零碎的物件

衣柜区域收纳工具推荐

工具图	工具名	使用方法和适用范围
	植绒衣架	植绒衣架面薄，很适合用于空间紧凑的衣柜，可以让衣柜容纳更多的衣服
	伸缩杆	它是衣柜改造的利器，可以根据衣柜的宽度调节延伸尺寸，可改造裤架区、增加悬挂区。衣柜里的伸缩杆要用粗管，其支撑力更强
	落地衣架	可以用来临时收纳次净衣，但不适合长期将衣服悬挂在架子上，次净衣应尽快处理后放回衣柜里或清洗掉
	绒布分格收纳盒	用来收纳皮带和首饰
	内衣收纳盒	收纳内裤和袜子用窄盒子，收纳内衣和睡衣用宽盒子，它既可以固定衣服，又可以收纳直接接触抽屉盒会刮伤柜板的衣物
	布艺抽屉分隔收纳盒	可以将多个尺寸拼接，用来做抽屉的分区，可以用来收纳内衣、T恤、牛仔裤等

工具图	工具名	使用方法和适用范围
	绒布收纳箱	可以收纳毛衣等厚度比较大的衣服
	双层帆布收纳盒	可以放入衣柜更深区域，分层后，盒子的韧性更高
	布艺收纳筐	有厚的、薄的、高的、矮的等多种款式，尺寸大的放在柜子里收纳次净衣很好用
	布艺收纳箱	硬材质的布艺收纳箱，可用来放床单四件套，放在衣柜底部，将床单折好后竖立放进去，好拿又好用
	绒布收纳篮	可放在层板区或抽屉里，有宽有窄，可收纳柔软的帽子、围巾等
	矮款无盖布艺收纳箱	放在层板区收纳围巾、折叠好的 T 恤等
	带盖布艺收纳箱	可用来收纳一些私密物品

工具图	工具名	使用方法和适用范围
	牛津布收纳箱	无论是放在衣柜顶上还是底层都可以，主要用来收纳替换的被子、床单四件套和换季的衣服
	PP抽屉盒	放在层板区做空间分割工具，尤其适用于要将悬挂空间改为折叠空间时
	下吊篮	放在层板区可以将空间更好地利用起来，可用于收纳围巾、手套、毛巾
	衣柜收纳架	搭配布艺收纳篮，可以当抽屉使用，收纳折叠后的衣物
	挂钩	平开门的衣柜可以在柜门内侧挂上挂钩，衣服挂起来后距离柜门的间隙收纳首饰、丝巾等轻薄物件。选择小巧的挂钩更好
	迷你密封袋	用来收纳首饰和衣服配件

儿童房区域收纳工具推荐

工具图	工具名	使用方法和适用范围
	帆布收纳筐	可用来收纳玩具，空间够大又柔软，不会在玩耍中伤害小朋友的手指皮肤
	挂壁式书架	不识字的幼童适合用这种封面展示型的书架，能方便他们的选择
	河马口收纳箱	河马口收纳箱符合孩子的使用习惯，无论是取用还是放回都不复杂
	落地式收纳书柜	展示型的书架，落地收纳，上下空间都可以用来储物，上层放书，下层放置玩具
	玩具收纳柜	小朋友的玩具种类多，这种多层玩具收纳柜可以很好地将小朋友的玩具按种类和类型分类收纳起来
	密封袋	可以用来收纳乐高等小件玩具的配件
	乐高分隔盒	越来越多的小朋友喜欢乐高玩具，但是总有找不到零件的烦恼，利用这种分隔盒可以完美地解决这个问题

卫生间区域收纳工具推荐

工具图	工具名	使用方法和适用范围
	塑料收纳篮	万能收纳工具，无论是搭配分层收纳工具还是自己单独使用都可以，塑料材质的防水、防潮、好清洗，放在卫生间正好使用。如果卫生间抽屉高度足够，还能将它放到抽屉里做抽屉的分区和管理工具，用来收纳吹风机、梳子、备用洗漱品等
	亚克力护肤品收纳盒	可放在台面上或抽屉里，和篮子一样，是卫生间好用的固位和分隔工具
	亚克力带盖护肤品收纳盒	带盖的收纳盒，可以放在台面上，有一定的防水性，盖上盖子后收纳化妆棉还能防止被水溅湿
	桌面叠层收纳盒	可放在比较窄的卫生间镜前柜或镜边柜中，它的径身窄但面宽，不仅可以用来单独收纳洗漱品、卫生间杂物，还能叠放将两个层板间的空置空间都利用起来
	U 型架	放在洗手间台面，可以将横向空间变纵向空间，把洗漱品都集中整理在一个立面，小台面的收纳空间也能得到空间的扩容

工具图	工具名	使用方法和适用范围
	硅藻泥洗手台防水垫	可以吸水，放在洗手台台面可以快速吸干溢出来的水，尤其适用于牙刷、牙膏、漱口杯等用完后会带水的物件
	洗手台置物架	在台面上增加托盘，无论是单层还是双层都是有必要的，它能够让洗漱品都有固定的摆放区域，避免缺乏限制让物品铺开了摆放而影响其他区域的正常使用
	浴室台面置物架	有支脚，可以放在任意平台上，甚至是马桶水箱上，解决没有地方储放洗浴用品的烦恼。产品有单层和双层多种，可以根据需要储存的洗浴品数量来决定购买的层数
	亚克力抽屉收纳盒	放在卫生间里，无论是亚克力还是塑料材质的都好用，防水性好，用来为卫生间的抽屉分区，无论是收纳化妆品、护肤品还是护理工具都好用
	免打孔收纳篮	没有壁龛的家庭，可以用它来收纳放在淋浴空间里的洗浴品，不用打孔，可以直接挂到墙上，无论是托盘式的还是托盒式的都可以，选择也很多
	免打孔收纳托盘	托盘式的免孔置物架，还能用在洗水台，用来放置牙刷、牙膏、肥皂、洗手液，也可以放在马桶旁，用来搁放厕纸

工具图	工具名	使用方法和适用范围
	免打孔牙刷架	台面空间比较紧凑时，可以将漱口工具上墙收纳，有的产品还配有层板架，还能同时收纳护肤品
	磁铁挂钩	自带磁铁，在卫生间里放置了洗衣机的家庭，可以把它吸到洗衣机上，用来管理抹布、洗衣袋等
	挂壁式拖鞋收纳架	利用墙面收纳节省地面空间，用悬挂的收纳方式帮助我们沥干拖鞋水分，让地板保持干净
	脸盆挂钩	解放柜子也解放地面空间，把盆子挂在墙上收纳，最大程度利用墙面的收纳空间
	拖把挂钩	把拖把挂在墙上收纳，干净卫生，可以让拖把更好地沥干水分，利用墙面空间节省地面收纳的空间
	下水槽储物架	放置于下水槽区域，用抽拉的方式将水槽深处都能高效利用起来。可以收纳备用的洗浴用品，也可以用来收纳备用的厕纸、护肤品等
	下水槽伸缩收纳架	可以包住水管的分层架，通过伸缩可调节高度的设定，更高效地利用下水槽的空间。搭配塑料收纳篮使用更理想

工具图	工具名	使用方法和适用范围
	叠层篮	和厨房空间使用方法类似，可以放在马桶旁、洗漱台上，也可以放在水槽下方，根据所需要收纳的物品类型来增加叠加的数量，也可根据空间位置选择篮子的宽度
	边缝收纳架	可以放在马桶旁，收纳卷纸、清洁用品等
	夹缝收纳柜	密封性好，可收纳厕纸、备用化妆品，是边缝收纳架的密封升级版
	脏衣篮	可以用来挂毛巾，也能收纳待洗衣物。有了固定收纳区域，能避免脏衣服放在椅子上或沙发上。从布艺、塑料到钢架，可以选择的材质很多
	柜门挂篮	可以挂在下水槽的门板上，用来收纳化妆棉、梳子、吹风机

办公区域收纳工具推荐

工具图	工具名	使用方法和适用范围
	亚克力护肤品收纳盒	放在台面上或抽屉里都好用，尤其是放在办公室台面上，用来收纳常用的文具，如订书机、笔等，推荐买自带内部分区的那款
	抽屉分隔盒	无论是塑料还是纸质的都可以，办公抽屉一定要做内部分区，这样可以将各种工具都分门别类地进行独立管理，工作时有助于提升工作效率
	文件收纳篮	建议买三层或四层这类多层文件收纳篮，文件可以根据其紧急情况或完成度被分区收纳到不同层格，便于我们监控工作进度
	显示屏增高架	不仅可以抬高计算机屏幕、减缓肩膀压力，还能利用这个平台收纳一些办公文具
	挂钩	可以挂在办公桌下，收纳包包等私人物品。钩子一定要买可以灵活掰动的，因为钩在桌板下面时，钩子需要垂直向下，这样才能将物件更稳定地悬挂收纳

工具图	工具名	使用方法和适用范围
	透明插页文件夹	文件全混夹在一起在找寻时会增加我们的工作时间，带插页的文件夹可以帮助我们清晰管理，节省时间、提升工作效率。如果能搭配便签贴使用更好
	书立	办公室最多的就是文件、书籍。书立可以很好地帮助其站稳、分类
	文件收纳盒	可以将文件按类别分类清楚，不混淆
	捆绑扎带	办公室电器多，电线也多，常常凌乱影响美观，一定要用捆绑扎带整理整齐，使办公室清爽干净
	理线器	各种充电线越来越多，桌面经常各种线搅乱在一起，在桌面粘贴一个理线器，让每条线都独立开来
	插线板收纳盒	插线板上一堆插头，很影响办公室的美观度，插线板收纳盒很好地解决了这个问题
	下吊篮	挂在桌面上，可以利用腿和桌板间的空隙储物

附录 3　　　　学员感言

兼具心理治愈的职业家庭整理师
——陈沫 陈列式整理术研究所学员

　　一次偶然的机会，我看了山下英子老师写的《断舍离》，从没有一本书能如此吸引我，单是"新陈代谢美学思维"这个词就让我欲罢不能。当我一口气把这本书读完的时候，我就决定，我要拥有书中所说的"自在怡然的家"，同时，提升"人生的明度、彩度、辉度"。于是，我开始成为断舍离的实践者，我开始尝试整理家里的闲置物品，小到过期的药品，大到不用的家电，我的家被我整理得"面目全非"。又过了一段时间，我的家清爽极了：原来有八个、现在只有一个的茶杯，宽敞的鞋柜，分类清晰的衣橱，焕然一新的厨房。总之，我爱上了这种可以"深度呼吸"的感觉。

　　接着，我开始不满足做一名整理术的实践者，而想要成为整理术的推广者。于是，我更加努力地学习整理术，顺利成为一名名副其实的整理师。

　　通常大家都认为整理师就是帮人整理物品而已，其实不然。整理师是通过和顾客之间的深度交流，了解和掌握客户的需求及所面临的问题，在此基础上进行科学地分析、指导，为客户提供家居整理的服务和意见，从而帮助客户拥有理想的居住环境。一个真正优秀的整理师会在潜移默化中改变客户的生活习惯、思维方式，帮助客户建立良好的家庭氛围。因此，整理看似是针对物品，其实整理的是客户的过去和内心。

陈沫整理案例

整理前　　　　　　　　　　　整理后

做整理收获全新的自己
——轶男　陈列式整理术研究所学员

　　在接触整理之前，我的家非常乱。

　　打开家门，是乱七八糟的拖鞋，玄关处堆积着各种快递箱。客厅的沙发上摊着换下的衣服，茶几上有时候还有隔夜的外卖。厨房、卫生间、卧室都堆满了东西，基本没有能下脚的地方。100多平方米的房子却看着非常拥挤，每次都下狠心要整理，却每次都感觉心有余而力不足。

　　那时候的生活也是一团糟，夫妻关系紧张，工作不顺心，对未来的规划一片混乱，不知道自己想要什么。

　　就像是装在套子里的人，机械地重复每天的生活，看不清未来，找不到出路。脑子里除了迷茫就是焦虑，找不到出口，压抑得透不过气。

　　学完整理后，我用了半个月的时间对我家进行了大改造。在清理物品时，我被震惊到了！

　　我家竟然有各种锅具30余件、碗碟100多个、无人机2台、台式电脑4台、笔记本电脑5台、耳机15副、各式键盘8个、各式全新未拆封鼠标10余个、各式音箱6套、没有拆封的书50余本以及面膜、口红、纸巾、洗发水、洗衣液等若干。

　　把这些东西铺开时，规模绝对够开一个小型跳蚤市场了。

　　我先生爱买装备的原因是，小时候父母过于节约，他从未得到过想要的玩具，所以长大后只要是自己喜欢的就买。买东西是他发泄负面情绪的一种方式。

　　而我则是因为父母比较保守，觉得女孩子就应该朴素，别涂脂抹粉的，但女孩子总是爱美的，于是"哪里有压迫哪里就有反抗"，等自己挣钱了，就买得一发不可收拾。

通过整理，我们开始真正意识到影响感情的这道鸿沟，也找到了重新修复感情的钥匙。

整理也许是一件听上去很简单的事情，但是做好了，不仅能够让我们收获新的居住环境，还能让我们更加认清自己，收获一个新的自己，新的关系。

轶男整理案例

整理前

整理后

专注于为空间赋能的整理师

——雍艳玲　陈列式整理术研究所学员

　　从小就喜欢整理的我，喜欢把家里的家具挪位置，喜欢叠衣服，喜欢把物品摆放整齐，喜欢把家扮美。我也喜欢看生活巧管家、生活百科类的电视节目和书籍。年轻时我特别喜欢看《瑞丽家居》，每次拿到手都感觉如饥似渴。

　　幸运的是如今有了专业的整理师学习机构，我通过培训和努力成为整理行业的一员。我在整理的道路上快乐地成长，成就了更美好的自己。通过上门服务、咨询、培训，让我全面看到了整理给人们带来的改变，看到了整理对于人们的重要性。这期间我们收到很多客户的感谢，因为整理之后，对客户而言，空间舒畅了，使用物品便捷了，空间有序了，自然心情更好，家庭关系也更和谐，被整洁有序的空间、物品滋养，才能有更多的精力、心情、时间投入到自己喜爱的工作和生活中。我感觉自己的付出很有价值，世界因为我多了一分美好。

　　环境、空间、物品无时无刻不在影响着人们的生活、情绪、效率和状态。通过空间规划、物品整理，将生活智慧融入其间，人生的方方面面都将被潜移默化地滋养。

　　整理行业是为人们带来实际价值、提升人们生活品质和幸福感的行业，目前更是得到了人们越来越多的关注。专业的整理服务或咨询培训，可以提升住宅、办公等空间的运用价值、品质，所以越来越多的人加入进来。整理行业正在起飞，我相信，我从小热爱的整理行业，必将流行起来。

雍艳玲整理案例

整理前

整理后